Design Drawing of Interior Furnishing

室内软装手绘表现

◎ 谢宗涛　编著

辽宁科学技术出版社
·沈阳·

写在之前……

写这本书，其实是有很多想法的。梭罗曾说："我们应该像攀摘一朵花那样，以温柔优雅的态度生活。"好的居所，既没有富丽堂皇的气派，也没有毫无节制的排场，而是如此这般，从容有度，浮生优雅。目前，国内绝大多数的室内空间设计还只是停留在装修层面，但同时，软装也不仅仅出现于样板房、酒店中，也走入了百姓家中。从关注风格到一定时期的奢侈的全程、主题的呼应、文化的表现，到未来软装应该走进千家万户，软装表述的不仅仅是个性，更是一种感受和感觉。在不同的场景中看到不同的画面，人们就会生出喜欢或者欣赏的感受。设计需要多走、多看。欣赏是一种能力，能力需要加强，而感受则需要不断地去重叠。当大众都对软装有了一定的需求，甚至认可和参与的时候，这个事业才会真正地蓬勃发展。经常有人说，艺术源于生活却高于生活。

就像现在的很多空间，都采用瑰丽多变的色彩，象征着人们多彩的人生和性格，所以，在品质基础上，人们会对产品的颜色给予更多的关注。就像厨房空间如果融入了色彩软装，人们就有了主动下厨的欲望。

软装是可以表达价格的，当我们布置一个空间时，选择什么样的床品，用什么颜色的布幔，以及床尾凳的摆放位置都可以折射出这组产品的价格。通过不同的包装甚至不同的设计，让它具有不同的价值感。

合理的软装设计映射出品质和价值感。

在一些空间中，我们能够映射出物品相应的品质和价值感。在选择与它风格相呼应的饰品时不应该过多，避免将它们无秩序地摆放出来。否则，在这些空间中，这些饰品就会打乱我们的视觉中心，进而屏蔽掉我们应该关注的家具主体。在很多家具卖场中，对于饰品的投放往往多而杂。要合理且美观地把它们陈列出来，则需要一些专业人士的参与，从而让家具卖场给人们带来比较好的购物环境。

展览过程不仅关注产品本身。

软装的表述，这几年在展示展览中运用得非常广泛，其间，人们关注的不仅是产品本身，更会关注从它们的图文信息、色彩表述所折射出的产品的时代感、信息感以及工业感。现在也有非常多的定制产品，加入到了软装设计师所要选择的产品行列当中，我们甚至要定制空间中的家具、地毯、挂画以及摆件。我们完完全全可以根据一个空间，把它的椅子图案运用到软装当中。

作为软装设计师，运用对色彩质感和风格的整体把握能力，以及对艺术、时尚的综合审美能力，能够把家具、灯具、挂画、布艺、花艺、绿植、小品等产品，进行统一协调组织，为营造空间环境做出整体配置设计和细节深化。软装设计师行业的需求越来越多，要求越来越高。

当然，不仅仅是色彩，还有造型，各种具有超强艺术感的陈列品，有的形态新颖、高雅，有的品位高端、上档次等。

软装表述的不仅仅是个性，更是一种感受和感觉。相信装饰艺术的兴起，会让空间充满艺术，让家家有艺术，艺术生活化、生活艺术化。

因此，会有越来越多的设计师投入到软装行业中来。如何去设计，如何去表现，哪里有参考，此书正是带着这样一系列问题，来做出一些研究与表述。

室内软装的分类

以性质分类，室内软装可以分为两大类：

一是实用性软装。如家具、家电、器皿、织物等，它们以实用功能为主，同时外观设计也具有良好的装饰效果。

二是装饰性软装。如艺术品、部分高档工艺品等。纯观赏性物品不具备使用功能，仅作为观赏用，它们或具有审美和装饰的作用，或具有文化和历史的意义。

软装选择需遵循以人为本，兼顾经济、习俗、文化等多方面因素综合考虑的原则。

我们在设计选择过程中，更多的是尊重功能实用，以功能实用为主。在这个前提下积极选择具有艺术审美的装饰品。

室内软装、工艺饰品主要指装修完毕后，利用那些易更换、易变动位置的饰物与家具，如窗帘、沙发套、靠垫、工艺台布及装饰工艺品、装饰铁艺等，对室内的二度陈设与布置。另外，还有布艺、挂画、植物等。室内软装作为可移动的装修，更能体现主人的品位，是营造家居氛围的点睛之笔。

因此，软装打破了传统的装修行业界限，将工艺品、纺织品、收藏品、灯具、花艺、植物等进行重新组合，形成一个新的理念。室内软装可根据居室空间的大小形状、主人的生活习惯、兴趣爱好和各自的经济情况，从整体上综合策划装饰装修设计方案，满足主人的个性需求。

目录 Contents

目录　Contents

1 基础训练

BASIC TRAINING

1.1 工具介绍及用笔技巧

学习手绘前，首要先配好适合的工具，虽然工具无法起到决定性作用，但不要简单地认为一支钢笔或者一支铅笔就可以应付你所有的绘画。

掌握绘图工具的使用方法，保证绘图质量、加快绘图速度、提高绘图效率。

马克笔：目前市面能买到的马克笔品种繁多，比如卡卡马克笔、韩国touch、尊爵和法卡乐牌马克笔、美国的AD、三福马克笔、斯塔牌star等。不管选择什么样的笔，最重要的是熟悉它的感觉，就像AD牌的笔，笔头较柔软，水分也足，油性，在画画的时候沁开速度很快，初学者不易掌握。而卡卡牌和touch牌是酒精马克笔，笔头相对较硬，价格也相对便宜，适合初学者使用。

绘图笔：常用的有美工笔（如英雄382），用笔的方式不同，可以画出粗细不同的线稿，还有毡尖笔或草图笔、针管笔（粗细为0.2~0.5mm）、不同的签字笔。另外，表达精细线稿前会使用自动铅笔来起稿。当然，写生或者草图也可使用不同型号的铅笔，表达出不一样粗细感的画面效果。

彩铅：目前，市面上的彩铅品牌有很多，一般我们会选择水溶性彩铅。蜡性彩铅不易叠色，一般情况下不作选择。常用品牌包括辉柏嘉、捷克。

墨水：可以考虑选择派克牌，这款墨水在绘画时不易沁开，并且后期着色过程也不会把墨线化开。

纸张：常用的纸包括A3、A4、B4复写纸、快题纸、硫酸纸或草图纸（A3的纸笔者比较常用的是渡边纸）。

其他：滚动尺、比例尺、蛇形尺、修正液（选用笔尖长且细一点的，易画线条。出水速度均匀的，防止过快而溢出），以及高光笔，同修正液一样是白色的，可以用来画亮线条。

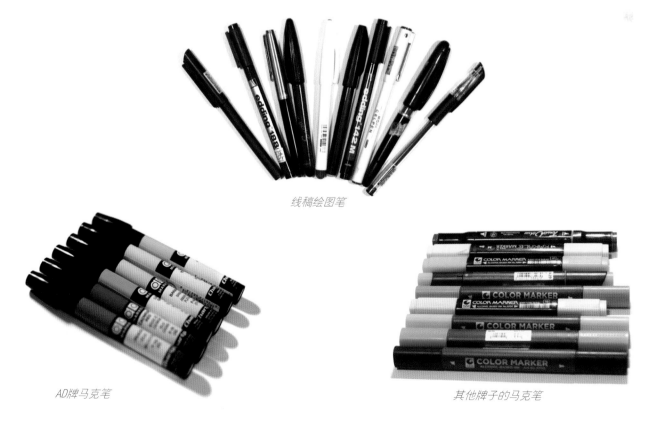

线稿绘图笔

AD牌马克笔

其他牌子的马克笔

派克墨水

成本的A3渡边纸

A3/A4大小的硫酸纸

修正液

不同的尺子

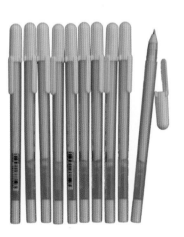

高光笔

1.2 掌握线条表现的能力

大多数初学者，需要经历一个对线条的认识和练习的过程。在练习过程中，要有自信，不要担心所画的线条够不够优美，够不够成熟。有自信画出来的线条本身就增加了不少成熟之感，因此放开手，尽情地去画吧。

1.2.1 什么是线条及其重要性

从室内设计的角度出发，线条在室内环境中无所不在，只要是有形的事物，就有线条的存在。例如，家具的外形就是线的形式，天花板的造型也可以用线条来分析，墙面的造型实际上也是线条的构成，同时，线条也给我们带来视觉和心灵的感受。

线条是一切造型艺术的基础，在绘图过程中常给我们带来感观上的快乐，像音乐中的音符，同时表达了绘画者的思想情感和视觉语言，拉近人们之间的沟通距离。线条是变化的，由线可以组成面，可以组成立体空间，所以一个画面里离不开线条的构成。

线条是构成主要视觉艺术的元素之一，它是一切活动的标志，同时也是一种对美认知的态度。其美感主要来自于对自然、对生活中千变万化的物体简练的概括和提炼，通过绘画者对物体对象的观察与理解，呈现出不同的姿态，寻找其中的规律，体现出线条的美感。所以这也就解释了作为初学者为什么要练习线条了，无论是徒手练习还是尺规制图，线条始终是室内软装陈设设计表现的根本。

1.2.2 线条具有的特征

线条不仅仅能表现出物体的特征，还能反映出绘画者的情绪与性格。如写字一样，不同的线条形态能给人以不同的感受，对线条的感知很容易引起心理联想，激起相应的感情世界。线条是有性格的，有生命力的，对于一张设计草图来说，能反映出自由、严紧、直率、奔放等特征。

把线条的特点和作用归纳分析，对我们进行设计创作很有帮助。线条的种类包括：

● 垂直线条：可以促使空间视觉上下移动，显示高度，造成耸立、高大、向上的印象。

● 水平线条：可以导致空间视觉左右移动，产生开阔、伸延、舒展的效果。

● 斜线条：会导致视线从一端向另一端扩展或收缩，产生变化不定的感觉，富于动感。

● 曲线条：使视线时时改变方向，引导视线向重心发展。

● 圆形线条：可导致视线随之旋转，有更强烈的动感。

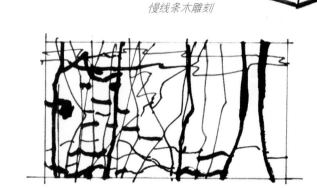

慢线条木雕刻

粗与细的变化运用：

粗细线条的结构使用会让线条更富于张力和对比感，同时使画面更加生动。

1.2.3 线条的分类与练习技巧

线条是基础，练习线条是必要的。先让线条看起来成熟、稳重一些。我们可以从简单的横向、竖向线条开始练起；再画不同角度的斜线；之后再练习一些曲线、圆、弧线；最后画排线，可以是投影，阴影、肌理一类的。排线要讲究所排的线整齐统一，或是有规律变化。

线条在绘制过程中变化多样，可以总结归纳为4种线：直线条；曲线；弧形、圆形线条；折线。

（1）直线条

直线条分为横直线条、竖直线条、斜直线条、慢直线条（抖线）。

①横直线条：横直线条在绘图的过程中给人一种平静、广阔、安静之感。

②竖直线条：竖直线条给人一种挺拔、庄重、升腾之感。

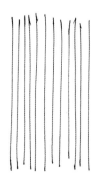 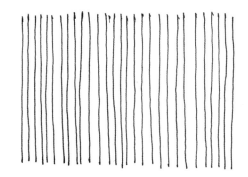

快直线竖线条　　　　　　　　　　　　*慢直线（抖线）竖线条*

③斜直线条：斜直线条给人一种空间的变化、创意、活泼的感觉。

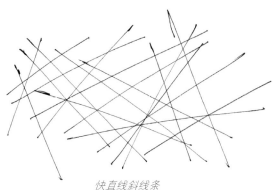 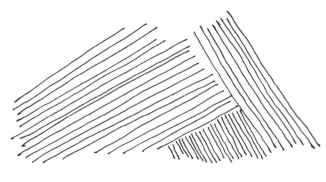

快直线斜线条　　　　　　　　　　　　*抖直线斜线条*

④慢直线条（抖线）：在徒手表现时，线分为快线、慢线。这里说的慢线也是直线条，特征是小曲大直。

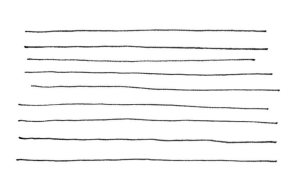 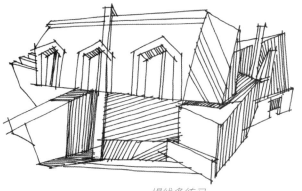

慢直线条　　　　　　　　　　　　*慢线条练习*

⑤直线练习的技巧：在水平、垂直、斜向各种方向上画出间距宽度一样的线条，同时也要保持线条的粗细一致。
进行线条组合练习，画一些不同的图形。

（2）曲线

曲线在设计草图中运用广泛，在绘制曲线时要注意线条的流畅和圆润感。曲线给人一种柔和、轻巧、动感、优美愉悦之感。

曲线的表现难度较大，落笔时一定要心中有数，以免勾勒不到位，破坏感觉，初学者可以借用铅笔、蛇形尺、曲线板来辅助。

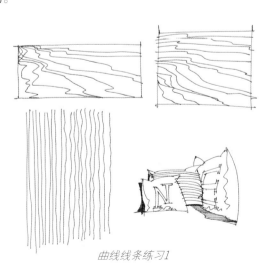

曲线线条练习1

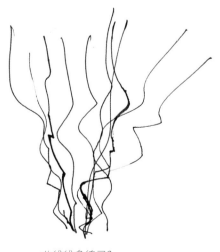

曲线线条练习2

（3）弧形、圆形线条

弧形、圆形线条可导致视线随之旋转，有更强烈的动感。

弧线练习有点类似画括号，练习的过程中除了单一练习外，也可以组合着画。

圆可以简化一下，就是从一个五边或多边形开始练习起来，演变成一个更像圆的圆。毕竟我们是在做设计手绘，不是制图。

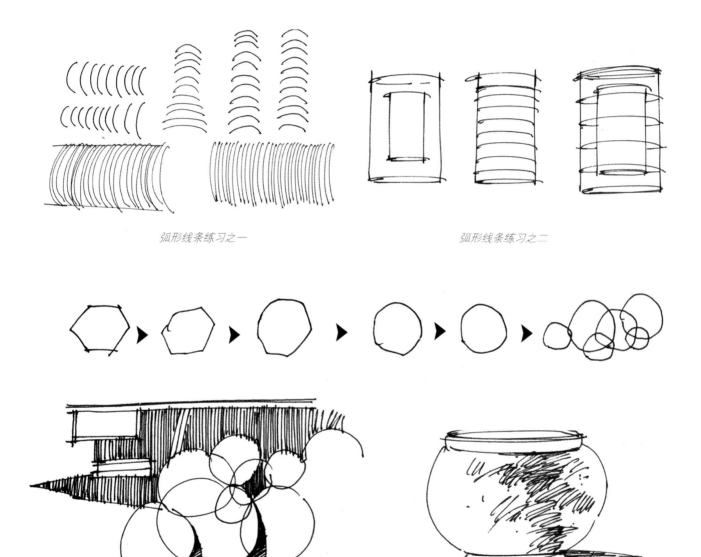

弧形线条练习之一　　　　　　　　　　　　弧形线条练习之二

圆形线条练习方法

（4）折线

折线在表达的时候也要有序、有组织，可以用来表现植物、纹理、结构。

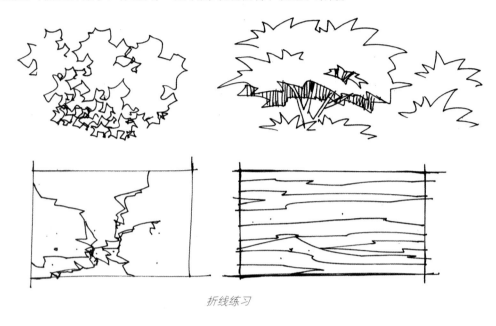

折线练习

1.2.4 线条的退晕与材质肌理练习

（1）斜线排线练习

排线是进行光影和材质表现而需要提前练习的一个环节，掌握线条的排列特点，了解快速排线，运笔时用力要均衡，线条之间的变化要疏密有序、有节奏。

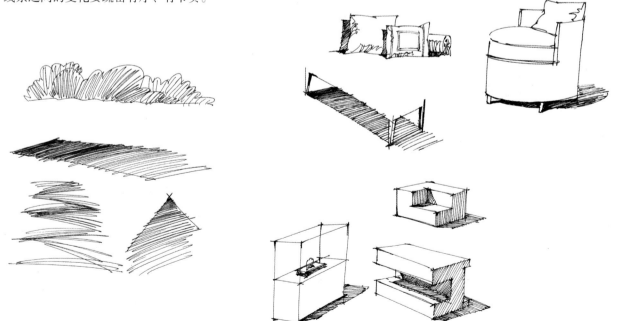

排线过程的3个特点：

● 普通的排线方式：从一边到另一边由密到疏地过渡。

● 连线的排线方式：快速排线，从一边到另一边由密到疏地过渡。

● 错误的排线方式：所排的线未接到上面两根线上，悬吊着会增加画面的碎线条。

（2）色块浙变退晕的练习

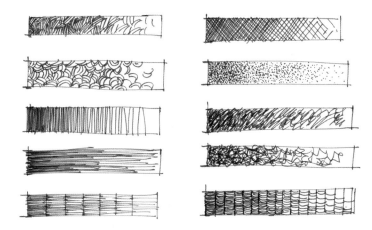

（3）材质肌理图案的练习

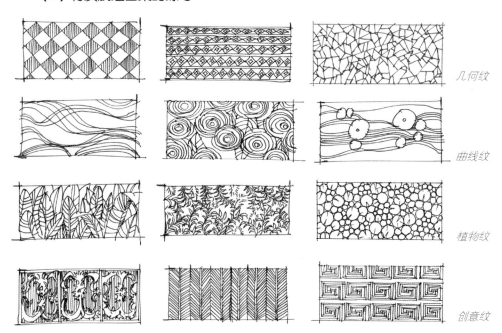

几何纹

曲线纹

植物纹

创意纹

1.3 马克笔与彩铅的基础技法

马克笔在本书中作为上色的常用笔，渗透力强，色彩明度较高，表现力极强，得到了广泛的应用。其色彩种类丰富，有的品牌多达上百种。马克笔的笔尖一般分为圆头、方头两种类型。在手绘表现时，可以根据笔尖的不同侧峰画出不同粗细效果的线条和笔触来。

按马克笔的特性一般分为水性、酒精、油性三大类。

水性马克笔：如日本美辉。通常没有通透性（浸透性），遇水即透，其表现效果和水彩相当，干的速度比油性马克笔慢，反复涂写后纸张容易起毛且颜色发灰，所以最好一次成形。

酒精马克笔：如韩国的touch、KAKALE（卡卡乐）、colormarker、mycolor。特点是鲜艳、穿透力强，有较清晰的笔触，笔触叠加的时候比较明显，而且会逐渐加深，纸张不易起毛。酒精的气味更大些。画干后，可注射酒精，但色彩纯度会适当变低。

油性马克笔：如美国的AD，油性和酒精的比较像。优点是挥发快，干后颜色会变淡，可覆盖，调和过渡自然。因为它通常以甲苯为溶剂，具有很好的通透性，但挥发比较快，使用时动作要准确、敏捷。使用比较广泛，可以覆盖在任何材质表面，由于它不溶于水，所以也可以与水性马克笔、水溶性彩铅混合使用，增强表现力。缺点是因为含甲苯溶剂，所以有一定的毒性，另外，暴于自然光下会褪色。画干后不能加酒精，可适度注射汽油作溶剂。

1.3.1 马克笔排线

马克笔的用笔特点:

①由于马克笔笔触单调且不便于修改,所以在上色表现中力求用笔肯定、准确、干净利落,不可拖泥带水,同时用笔要大胆,敢于去画,并要反复练习。

②马克笔的运笔要果断,起笔、运笔和收笔的力度要均匀,排线时笔触要尽可能按照物体的结构去走,这样更容易表现形体的结构与透视。

马克笔线条练习画的时候尽量对齐,均匀平拉直线。

马克笔的运笔速度也会影响到其颜色的变化,使用单支笔来回运笔,或使用不同颜色叠加,其效果都会变化。

正确的排笔方式   *错误的排笔(笔头运笔时没有落实)*

运笔较快,笔触颜色会较浅   *运笔较慢,笔触颜色会变深*

● 马克笔的运笔笔触归纳为4种，其运笔的方式不同，效果不同，这里总结一下以形成更多的上色方法。这4种方法分别是：①平铺法；②叠加法；③扫笔法；④点笔法。

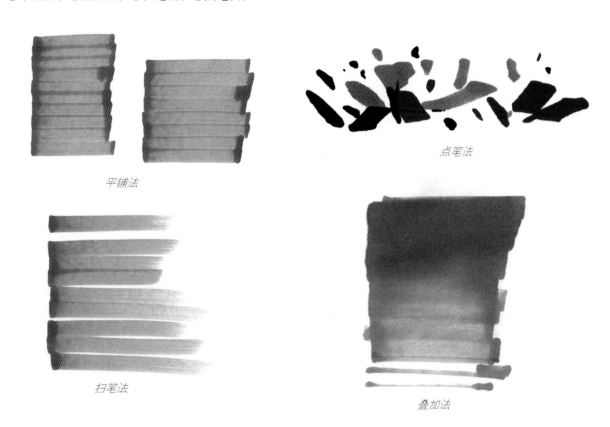

平铺法

点笔法

扫笔法

叠加法

● 笔触练习：要想熟练地掌握马克笔的运笔，前期是需要对笔的训练，现在开始，拿起笔走起吧！

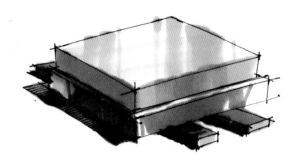 

注意：用笔时要快速、肯定。切忌犹豫不决，运笔太慢，力道不均等。当然，在练习的时候尽量还是找一些不常用的笔来练吧，毕竟一支笔的水分有限。

1.3.2 马克笔渐变

马克笔的渐变练习，更多地体现在叠加法和来回运笔，目的是要大家掌握马克笔色彩之间的过渡、变化。不管是用单支马克笔的过渡、变化，还是同类色、同色系的变化，前期训练的过程是很基础的。下面我们以两组练习来示范，选用同一色系不同明暗关系的马克笔，从上至下、由深入浅过渡，展现其色彩的渐变魅力。

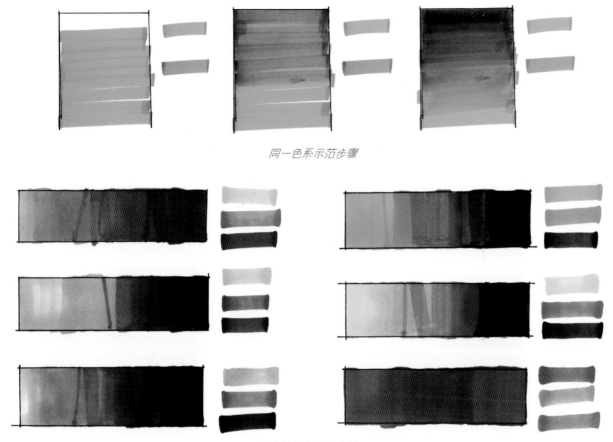

同一色系示范步骤

马克笔色彩的渐变练习

同类色色彩的过渡练习：选几支不同深浅的同类色，如冷色或者暖色来做渐变练习。这个过程有利于我们学习掌握如何选择自己的马克笔，在空间表现的时候能够做到自如地用笔。

● 冷暖色的渐变练习：颜色的冷暖不是绝对的，主要是靠对比，如紫色，这种中性色的色彩，当它和红色放在一起时，你会发现紫色偏冷；但当它和蓝色放在一起时，却偏暖色了。同样，我们在这里选择了绿色系中的两种颜色，大家可以看到，左边这支偏冷，右边这支偏暖。因此，在一个空间配色中，就有了选择的方向了。

同类色冷暖对比

1.3.3 彩铅表现

彩铅是作为上色的一道辅助工具。马克笔的色彩毕竟有限，所以可以用彩铅来做一些色彩上的弥补。作用之一是过渡马克笔的色彩；作用之二是在马克笔的基础上，加一些彩铅，可以让表现的材质更加生动、丰富。

彩铅不适合到处画，局部画一些彩铅能起到很好的效果，到处画容易弄脏画面。特别是不太适合与土色的马克笔相叠加，效果显脏。

注意：在彩铅与马克笔叠加时，要先画马克笔，再画彩铅。反之的话，彩铅会被洗掉，画面会变糊。

彩铅的运笔

彩铅与马克笔的叠加

彩铅在空间中的局部运用

彩铅表现的家具陈设

1.4 色相与配色

彩色系的颜色具有3个基本属性：色相、彩度、明度。

①**色相**：色彩的色相是色彩的最大特征，即各类色彩的相貌称谓，如大红、普蓝、柠檬黄等。是指能够比较确切地表示某种颜色色别的名称。色彩的成分越多，色彩的色相越不鲜明。

②**彩度**：色彩的彩度表示彩色相对于非彩色差别的程度。是描述色彩离开相同明度中性灰色的程度的色彩感觉属性，是主观心理量。一般是直接用色彩中纯色成分的主观观察量表示。如蒙塞尔系统中的2、4、6等。当彩度也用百分数表示时，其含义是"含彩量"或"含灰量"。

③**明度**：色彩的明度是指色彩的明亮程度。各种有色物体由于它们反射光量的区别就产生颜色的明暗强弱。色彩的明度有两种情况：一是同一色相不同明度；二是各种颜色的不同明度。

④**色环认识**：我们在这里通过一个色环来认识色彩之间的关系，有对比色、互补色、同色系、邻近色、同类色。

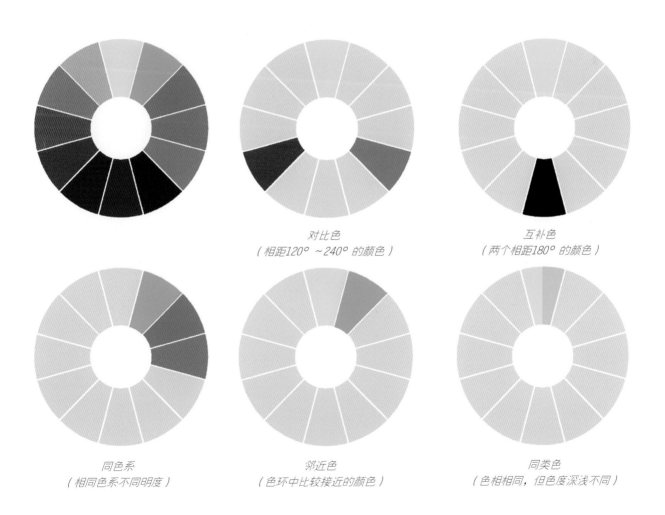

对比色
（相距120°~240°的颜色）

互补色
（两个相距180°的颜色）

同色系
（相同色系不同明度）

邻近色
（色环中比较接近的颜色）

同类色
（色相相同，但色度深浅不同）

1.4.1 配色法则

（1）同色系配色

所谓同系色相配色，即指相同的颜色在一起的搭配，比如黄色的桌子搭配黄色的凳子或者桌上陈列品，这样的配色方法就是同色系配色法。

（2）同类色配色

所谓同类色配色，即是色相环中类似或相邻的两种或两种以上的色彩搭配。例如：黄色、橙黄色、橙色的组合；紫色、紫红色、紫蓝色的组合等，都是同类色配色。同类色配色在大自然中出现的特别多，如嫩绿、鲜绿、黄绿、墨绿等，这些都是同类色的自然造化。

（3）多色配色

在色相对比中，除了两色对比，还有三色、四色、五色、六色、八色甚至多色的对比。在色环中成等边三角形或等腰三角形的三个色相搭配在一起时，称为三角配色。运用三角配色最成功的是荷兰画家蒙德里安的方块抽象画。四角配色常见的有红、黄、蓝、绿及红、橙、黄、绿、蓝、紫等。这几种配色在中国传统民间工艺中经常使用，如风筝、刺绣、剪纸、皮影、年画等。以色相为主的多色配色可以说是中国传统配色的特殊风格。

1.4.2 色彩的对比

　　主要指色彩的冷暖对比。在我们的认知中，暖色包括黄、红、橙等颜色，冷色包括青、蓝、紫等颜色。绿为中间调，不冷也不暖。而在色彩对比中，冷暖色也是相互影响的。色彩对比的基本类型主要包括色相的对比、明度对比、纯度对比、色彩的面积与位置对比、色彩的肌理对比，以及色彩的连续对比。

　　两种以上色彩组合后，由于色相差别而形成的色彩对比效果称为色相对比。它是色彩对比的一个根本方面，其对比强弱程度取决于色相之间在色相环上的距离（角度），距离（角度）越小对比越弱，反之则对比越强。

沙发及其配饰的冷暖组合

（1）零度对比

①无色彩对比与彩色对比虽然无色相，但它们的组合在实用方面很有价值。如黑与白、黑与灰、中灰与浅灰，或黑与白与灰、黑与深灰与浅灰等。对比效果感觉大方、庄重、高雅而富有现代感，但也容易产生过于素净的单调感。

②无彩色与有彩色对比如黑与红、灰与紫，或黑与白与黄、白与灰与蓝等。对比效果感觉既大方又活泼，彩色面积小时，偏于高雅、庄重；彩色面积大时活泼感加强。

③同种色相对比一种色相的不同明度或不同纯度变化的对比，俗称姐妹色组合。如蓝与浅蓝（蓝+白）色对比，橙与咖啡（橙+灰）或绿与粉绿（绿+白）与墨绿（绿+黑）色等对比。对比效果感觉统一、文静、雅致、含蓄、稳重，但也容易产生单调、呆板的效果。

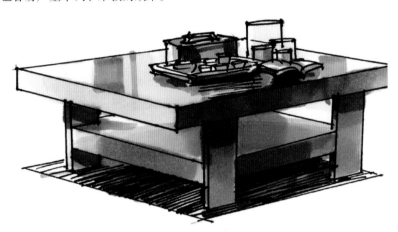

无彩色

灰色与紫色

橙色与绿色

橙色与灰色

④无彩色与同种色对比，如白与深蓝与浅蓝、黑与橘与咖啡色等，其效果综合了②和③类型的优点。感觉既有一定层次，又显大方、活泼、稳定。

白色与浅蓝、深蓝

（2）调和对比

①邻接色相对比色相环上相邻的二至三色对比，色相距离大约30°，为弱对比类型。如红橙与橙与黄橙色对比等。效果感觉柔和、和谐、雅致、文静，但也感觉单调、模糊、乏味、无力，必须调节明度差来加强效果。

②类似色相对比色相对比距离约60°，为较弱对比类型，如红与黄橙色对比等。效果较丰富、活泼，但又不失统一、雅致、和谐的感觉。

③中差色相对比色相对比距离约90°，为中对比类型，如黄与绿色对比等，效果明快、活泼、饱满，使人兴奋，感觉有兴趣，对比既有相当力度，但又不失调和之感。

（3）强烈对比

①对比色相对比色相对比距离约120°，为强对比类型，如黄绿与红紫色对比等。效果强烈、醒目、有力、活泼、丰富，但也不易统一而感杂乱、刺激，造成视觉疲劳。一般需要采用多种调和手段来改善对比效果。

②补色对比色相对比距离180°，为极端对比类型，如红与蓝绿、黄与蓝紫色对比等。效果强烈、炫目、明亮、极有力，但若处理不当，易产生幼稚、原始、粗俗、不安定、不协调等不良感觉。

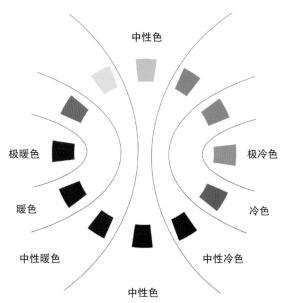

1.5　色块训练与光的表现

　　用马克笔绘制室内的灯光也很有特点，首先我们要理解"灯光是靠留出来的，不是刻意地画出来的"。意思就是不要用黄色刻意去画光，而是要去找到光背后的东西。比如我们在表现墙上照射的筒灯或射灯时，可以用灰色去画出与光接触的暗部，暗部越暗，灯光反应得也就越亮。

　　在灯光的表述上面，我们甚至可以交替空间的冷暖，白日和黑夜、冷调和暖调如何交织和在不同时间所呈现的一种冷暖的感受。灯具不仅仅是功能的，有时也可以作为空间营造意境的非常好的手法。灯具陈设不仅能让人产生美的享受，还可以引发人们的思考。

筒灯或射灯投射的手绘效果

光影是决定物体空间立体感的要素，可以说没有光影，物体就没有立体感，画面会变得很平，只是个二维平面罢了。

● 表现原则：不必要故意去为画光而画光。其实把暗部画深了，就会突出了灯光的亮。

● 表现要点：亮部可以虚，暗部要画实一点，在亮暗交接线的位置，体现最亮、最暗，能加强画面的立体感觉。

落地灯灯光的光影表现效果

● 下面看一个床头灯光表现案例步骤图。

1.画出床角的线稿,先用铅笔起稿,再找支签字笔来上线稿。投影可以画一些淡淡的排线,不需要太过于深,方便后面上马克笔的颜色

2.先从亮的颜色开始画起,找支暖黄色笔,给墙体上暖黄色。再选择更淡的黄色,画在如图所示的抱枕上

3.找一支淡的暖灰色给床上色,同时给桌子上个木色。受光区物体整体铺一层亮色

4.给背光部分画重一点的暖灰色。红色点缀,冷色也是点缀的效果,并加强背光的木色。适当再修正一些地方,加重抱枕背光的颜色,以及投影加强

1.6 材质的表现

在软装陈设的设计中，经常要遇到两种材质：软材质、硬材质。因此我们的手绘表现会从这两方面来总结呈现。软材质包括布艺、皮革、编织物、纸制品等。硬材质包括金属、玻璃、木制品、陶瓷、石材、塑胶等。

1.6.1 软材质的表现

软材质主要包括布艺、皮革、编织物和纸制品。

每一个季节都有属于不同颜色、图案的家居布艺，无论是色彩炫丽的印花布，还是华丽的丝绸，以及浪漫的蕾丝，只需要换不同风格的家居布艺，就可以变换出不同的家居风格，比换家具更经济、更容易完成。

家饰布艺的色系要统一，使搭配更加和谐，增强居室的整体感。家居中硬的线条和冷色调，都可以通过布艺来柔化。春天，挑选清新的花朵图案，春意盎然；夏天，选择清爽的水果或花草图案；秋冬季节，则可换上毛茸茸的抱枕，温暖过冬。

细软布的床品表现　　　　　　　　　　　　　　　　麻布的家具表现

（1）窗帘布艺表现

如果说，眼睛是心灵的窗户，有着透视人内心的能力。那么，窗帘就应该是居室的眼睛，直接反映着主人的心情。作为家中装修必不可少的软装饰之一，不同的空间布置有着不同的挑选技巧。大部分人会把精力全部投入到窗帘花色的挑选之中，而装饰其实只是窗帘的功能之一。窗帘安装完毕，开合是否顺畅，遮光性如何，则全看购买之初的决定了。

在选购窗帘时，注重窗帘本身的质地情况固然重要，但也千万不要忽视它与周围环境、颜色、图案上的呼应与搭配，要综合考虑房间的功能、光线强弱及季节等因素。抓住这些点，巧选窗帘，你将得到最潮流装饰。

窗帘相对占了比较大的面积，我们这里着重对其进行分析表现。

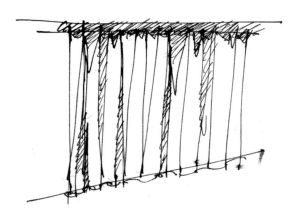

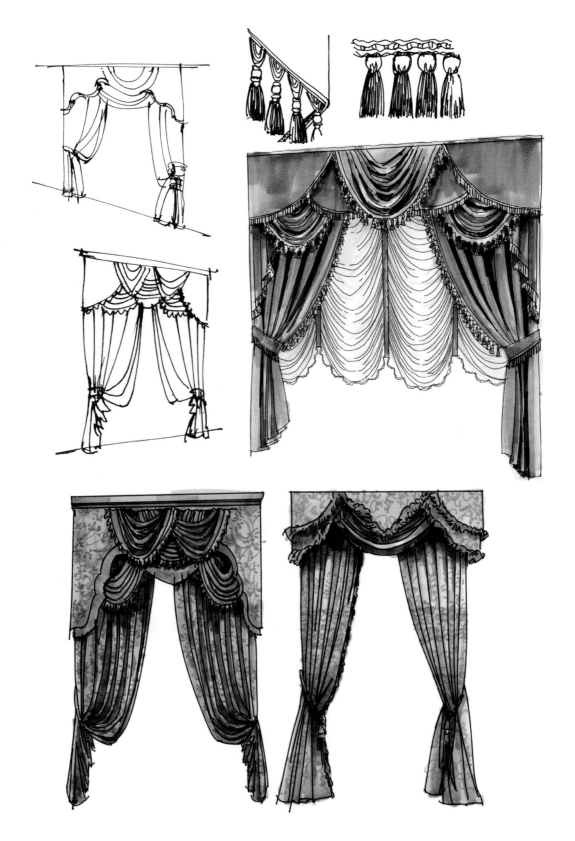

（2）皮革材质表现

皮革的共同点是非光泽性，属于亚光效果，表面的明暗系均对比较弱，没有非常大的高光面和反光面。

在表现皮革材质产品的时候，主要是表现皮革本身的固有色、皮革纹（通过彩铅勾勒表现出来）、皮革上面的缝制工艺（一般在皮革形状的表面有缝线）。通过把皮革产品的缝线绘制出来，是一个很明显的标识，说明这是一个皮革材质的产品，比如手表的皮革表带、包具、家具（皮革座椅）等，都会有这样的缝线作为标识。

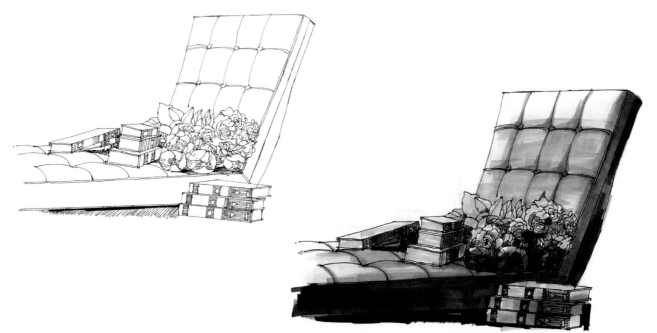

1.6.2　硬材质的表现

材质选择会让空间更有"玩味"，找一些手工艺术品，观察其材质，注意金属、木质、玻璃、瓷器、皮革等不同质感的表现。

（1）艺术铁艺的表现

这是一组以陶瓷、木材、铁艺相结合的艺术楼梯扶手。

● **楼梯扶手表现之一**：此款铁艺扶手崇尚的是简洁美观，造型优雅大方。因此，对表现衬托的色彩会画得比较重，以突出其明快感。

● **楼梯扶手表现之二**：这两款是经典欧式楼梯，以此重温一下欧式风格的扶手艺术，画它们只是被它们的美感所吸引。虽说现在人们不再崇尚这些复杂的构成，但原本冰冷的铁在艺术家溢满情趣的手中变成了一款款各具风格的家居用品。如此造型美观的铁艺扶手能给人展现一种静态的美感，"冷"的外表中透射出一种生机和活力。

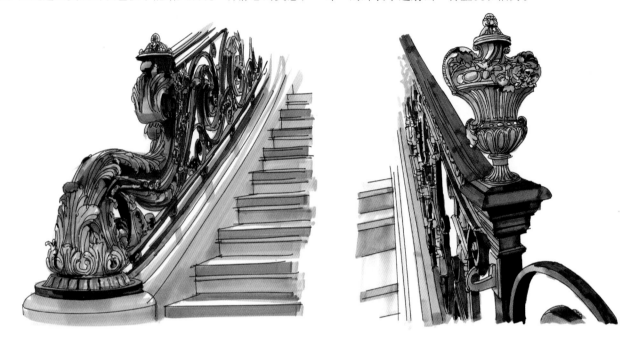

（2）墙纸或者墙绘的表现

　　软装陈设装饰不一定要多，正所谓少即是多。下面案例尝试了用泼墨在宣纸上的效果，再把它运用到我们的装饰中来，其效果是非常棒的。我们把它做成屏风或者背景墙，形成了很好的现代中式装饰风格。

1.7 窗台小景的表现

练习手绘，要善于观察生活，向生活学习，着眼于生活之美。设计的源头还是生活。所以这里安排了一些室内的窗台小景，希望各位读者能跟随作者的思路来练习，学会对生活素材的积累。

这一组案例表现主要是展现了真实的花艺与布艺印花之间的区别：一是它们有各自的体量，那些印花只是平面的，上色的时候要紧随抱枕的形；二是花艺投影不用重色，但布艺上的图案用重色，这也是一种表现手法

这是一个富于禅意的小景案例，一个茶杯、一个原木小桌、一个蒲团、一个抱枕，这一切都很朴实。无须过于装饰，其意境就跃然纸上。在表现的时候其投影画得浅，可以把眼前转折面背光的墙体加重

你可能表现得不是那么精细，但可以像案例一样，只是为积累一点素材。通过一个简单的橙黄色调统一画面

主体色调采用灰色，跳跃色蓝色和红色也融入其中

2 透视原理及练习方法

PERSPECTIVE PRINCIPLE & EXERCISE METHOD

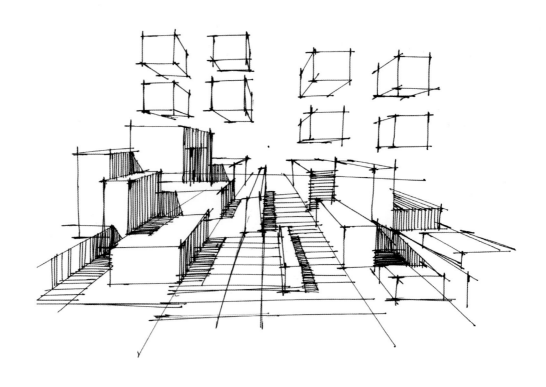

2.1　一点透视

一点透视在室内空间里是最常用的，因为利用一点透视画出来的空间给人平稳、稳重感，透视的纵深感觉也强，所表现的范围也比较广，它的场景深远、主次分明，且绘制起来比较容易掌握，但是处理不当会使画面显得呆板。

一点透视的概念：一般以方形为例，其中一个面与画面保持平行，其他与画面垂直的平行线只有一个主向消失点，在这种状态下投射成的透视图称为一点透视。

如图所示的立方体A。最终会消失于一点，即消失点VP点。同样像长方体B也一样消失于VP点。

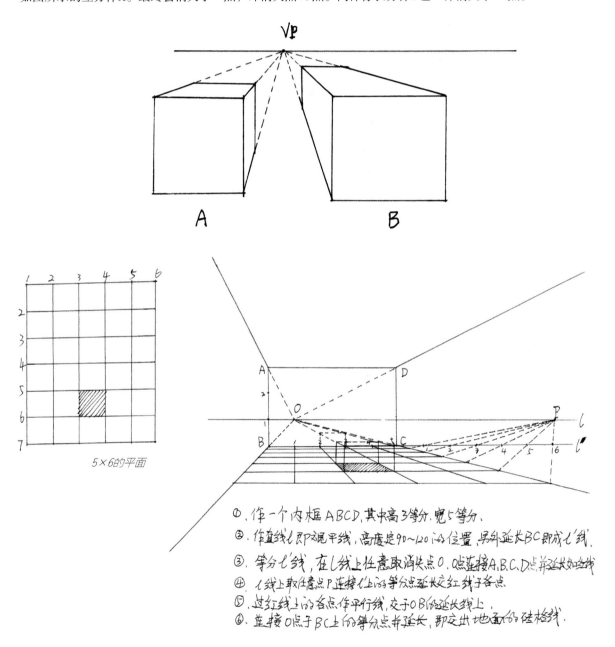

5×6的平面

①. 作一个内框ABCD, 其中高3等分, 宽5等分。

②. 作直线 l 即为观平线, 高度定90~120的位置, 另外延长BC即成 l '线。

③. 等分 l '线, 在 l 线上任意取消失点O, O点连接A,B,C,D点并延长如图线。

④. l 线上取任意点P连接 l '上的等分点延长交于红线各点。

⑤. 过红线上的各点作平行线, 交于OB的延长线上。

⑥. 连接O点于BC上的等分点并延长, 即定出地面的砖格线。

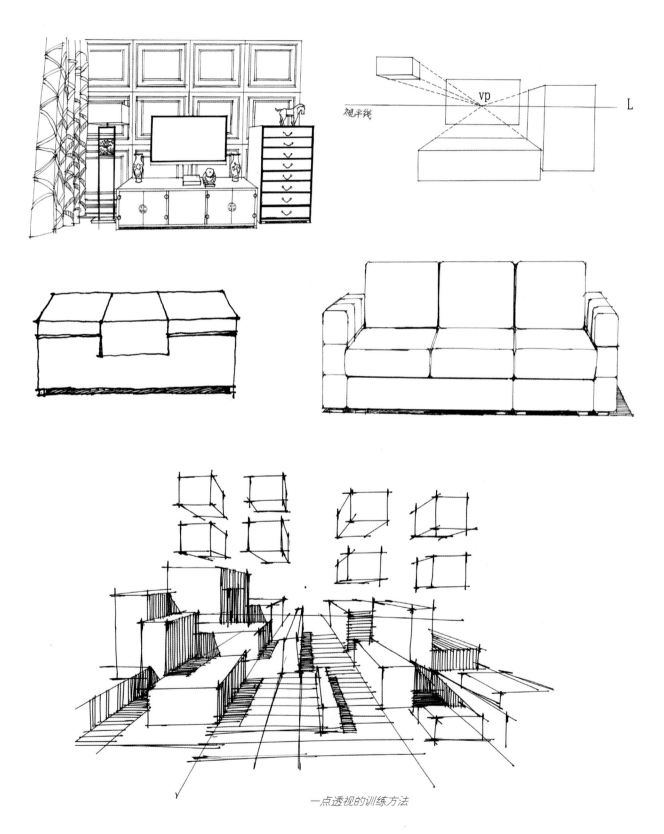

一点透视的训练方法

2.2 一点斜透视

（1）原理

一点透视又称为平行透视，由于在透视的结构中，只有一个透视消失点，因而得名。平行透视是一种表达三维空间的方法。当观者直接面对景观，可将眼前所见的景物表达在画面之上。

（2）特点

①透视基面向侧点变化消失，画面当中除消失中心点外还有一个消失侧点。

②所有垂直线与画面垂直，水平线向侧点消失，纵深线向中心点消失。

③画面形式相比平行透视更活泼更具有表现力。

下面以卧室的床的一点斜透视为例：

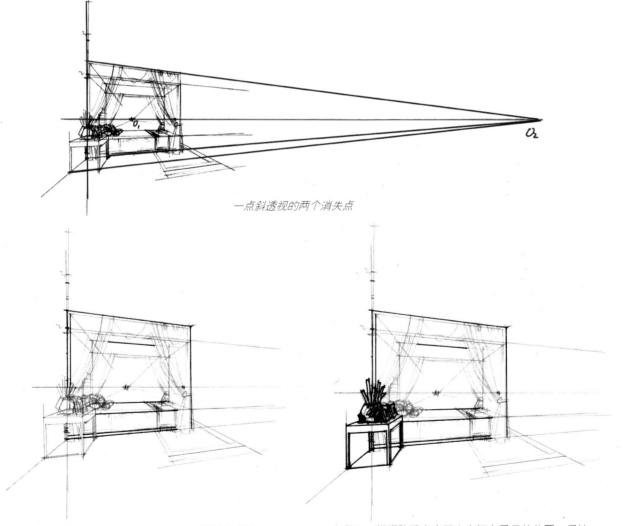

一点斜透视的两个消失点

步骤一：在平行透视的基础上，在画面外侧随意定出一个侧点，画出床的4个界面及陈设地面投影位置

步骤二：根据陈设高度画出空间布局具体位置，保持透视关系，水平线向侧点消失

步骤三：继续深入刻画的具体结构形式及
陈设物品的配置

步骤四：画出物体投影及材质，
深入刻画细节，强化明暗关系及
画面主次虚实。再加入房间空间
的墙角线，这样一个简单的一点
斜透视小空间就表现出来了

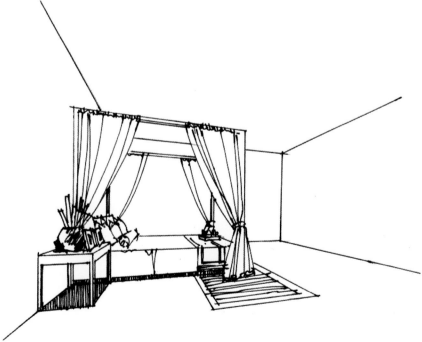

2.3　两点透视

（1）两点透视的基本概念

　　如果室内物体仅有垂直方向的线条与画面平行，而另外两组水平线条与画面呈现一定的角度，且两角相加为90°，两条不与画面平行的两水平线条（称为变线）会分别向左和向右消失在视平线上，这种情况下形成的透视图称为两点透视。由于两组变线与画面形成角度关系，所以也称为成角透视。

（2）特点

　　和一点透视相比较而言，其实两点透视主要是观察物体的时候角度发生了变化，一点透视是站在物体的正面观察，而两点透视是不站在物体的正面观察，与物体形成一定的角度，所以观察到物体的面就发生了变化。如图1是在一点透视的情况下看到的正立面图；图2则是移动了视点位置，形成了一定角度的透视效果，从这张图上我们可以很清楚地看到除了垂直线条依然垂直于画面，水平方向的线条都发生了一定的变化，分别向左右两个余点消失，当然还是消失在视平线，这就是两点透视。

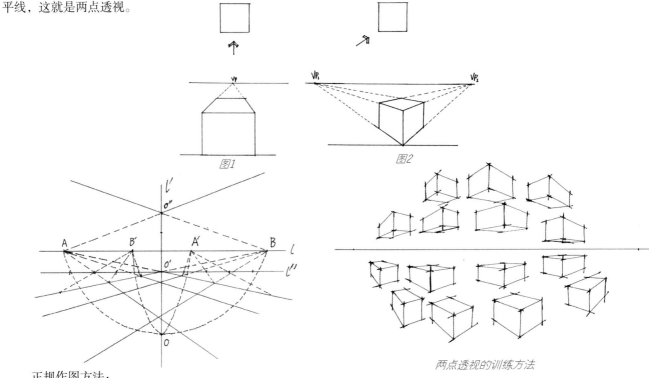

图1　　　　　　图2

两点透视的训练方法

正规作图方法：

①任意画一条视平线L，再画一条中线L′，L线向下画一平行线L″，交L′线于O′点。

②在L线上任意定两点A、B，以AB连线为直径画圆相交L′线于O点。

③以A为圆心，AO为半径相交L线于A′，同理求得B′。

④A、B各连接O′点延长得红线，即墙角线，按等分求得天花高度点O″，A、B连O″延长得红线，即天花角线。即4个墙角线出来了。

⑤地平线L″上等分，B′连接等分点交红线。

⑥A点连接红线上所得的点，B点也一样，最后所得的交叉线即室内地面分割线，如地面砖。

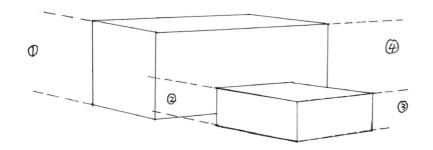

近处的单体虽然有透视，消失线最终也会消失一点，但基本可以按平行感觉去画，如图：①②③④所示

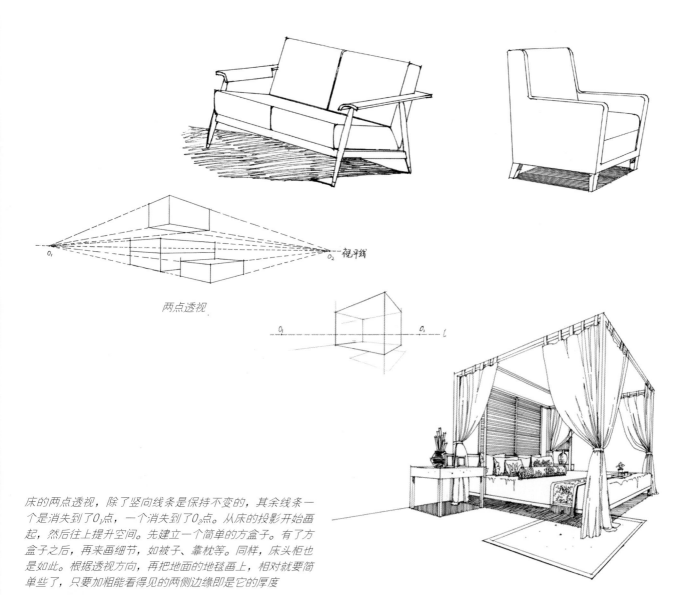

两点透视

床的两点透视，除了竖向线条是保持不变的，其余线条一个是消失到了O_1点，一个消失到了O_2点。从床的投影开始画起，然后往上提升空间。先建立一个简单的方盒子。有了方盒子之后，再来画细节，如被子、靠枕等。同样，床头柜也是如此。根据透视方向，再把地面的地毯画上，相对就要简单些了，只要加粗能看得见的两侧边缘即是它的厚度

3 软装元素表现

ELEMENTS OF INTERIOR FURNISHING

3.1 花卉插花

插花的色彩配置，既是对自然的写真，又是对自然的夸张，主色调的选择要适合使用环境。着重于自然姿态的美，多采用淡色彩，以优雅见长。

家居空间要善于用花卉表达陈设的美感，传递相应的生活品质。尤其是换季布置，花更为重要，不同的季节会有不同的花，可以营造出截然不同的空间情趣。装饰品的选择，从颜色、纹理、纹样上呼应植物，会使这个空间显得更有生机和人文情怀。

公共空间的插花艺术，在空间中令空间有生机，是其风格的延伸，也是一种表达手法。

插花中尺寸的确定：花材与花器的比例要协调。一般插花的高度(第一主枝高)不要超过插花容器高度的1.5~2倍，容器高度的计算是瓶口直径加本身高度。在第一主枝高度确定后，第二主枝高为第一主枝高的2/3，第三主枝高为第二主枝高的1/2。在具体创作过程中凭经验目测即可。第三主枝起着构图上的均衡作用，数量不限定，但大小、比例要协调。自然式插花花材与花器之间的比例的配合必须恰当，做到错落有致、疏密相间，避免露脚、缩头、蓬乱。

规则式插花和抽象式插花最好按黄金分割比例处理，也就是说，瓶高为3，花材高为5，总高为8，比例3：5：8就可以了。花束也可按这个比例包扎。

这些树枝要表达出中国传统美感，把直枝改成曲枝，更加展现出曲而向上的意境

用同样的花瓶，摆出不一样的效果，这组展现得相对内敛

● 干枝艺术插花的效果表现。

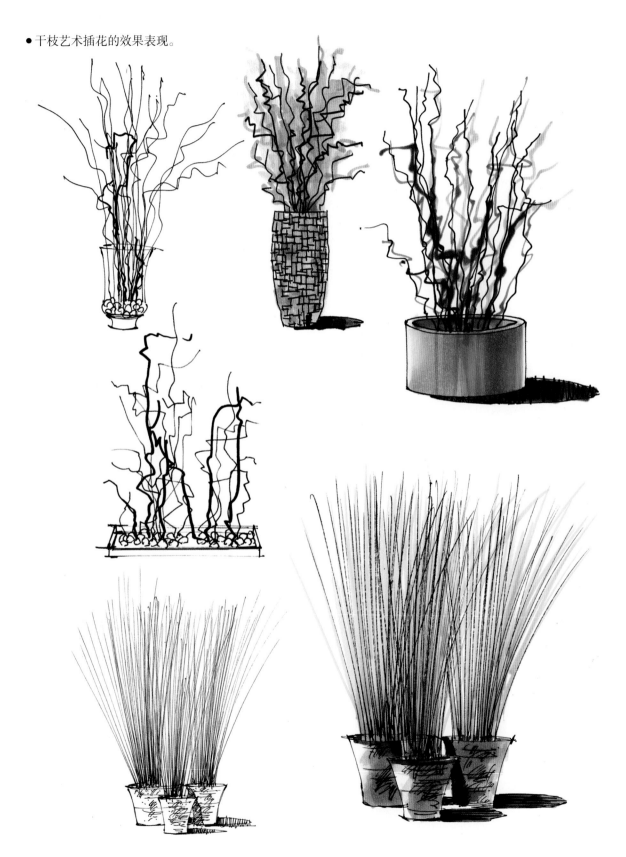

● 简约插花的效果表现。

● 艺术插花的效果表现。

●插花艺术的组合表现。

3.2　室内植物

室内绿化装饰必须符合功能的要求，要实用，这是一个重要原则。所以要根据绿化布置场所的性质和功能要求，从实际出发，才能做到绿化装饰美学效果与实用效果的高度统一。如书房，是读书和写作的场所，应以摆设清秀典雅的绿色植物为主，以创造一个安宁、优雅、静穆的环境。人在学习之余可以举目张望，用绿色调节视力，缓和疲劳，起到镇静悦目的功效，而不宜摆设色彩鲜艳的花卉。

（1）适合摆放在厨房的植物

厨房中的油烟较多，所选的植物要能适应这种环境，绿萝、棕竹、巴西铁、吊兰、鸭跖草比较适合，要尽量放在远离灶台的地方。另外，厨房的烟多、温度湿度都较高，像吊兰这些植物都比较适合，它可以吸收CO、CO_2、SO_2、氮氧化合物等有害气体。

（2）适合摆放在卫生间的植物

卫生间一般比较潮湿阴凉，下水道、马桶有时会产生难闻的气味，因此要选择耐阴、喜湿、有香味的植物，如肾蕨、吊竹、鸡冠花、绿萝、菊花、大丽花、君子兰、月季、山茶等都比较适合。

（3）适合摆放在客厅的植物

客厅的植物要好看、大气，比较适合摆放巴西铁、变叶木、万年青、橡皮树、棕榈等，常春藤和细叶兰草等藤蔓植物能营造出浪漫的氛围，也可以根据客厅的整体风格选用。另外，像常春藤也具有一些功能，如吸尘、吸烟雾、吸苯及甲醛等有害气体，净化空气。

（4）适合摆放在书房的植物

书房中可摆放文竹、菖蒲、虎尾兰、兰草等，也可以放薄荷：它的味道沁人心脾，可以使人神清气爽。

（5）适合摆放在电脑旁的植物

可以选择常青藤、南天竹、兰草、鹅掌柴、龟背竹、虎尾兰、仙人掌等能减轻电磁辐射污染的植物。

（6）适合摆放在卧室的植物

卧室中要少放花，这一点一定要注意。因为晚上花的呼吸与人类相同，吸收O_2，吐出CO_2，会使卧室中CO_2浓度增加。卧室中应摆放有杀菌、吸尘作用的植物，如米兰、含笑、非洲紫罗兰等。

注意：不是每一种花朵都适合放在房间里观赏，为了大家的健康，下面11种花不适合放在卧室。

①兰花：它的香气会引起失眠。②紫荆花：它的花粉会诱发哮喘症或使咳嗽症状加重。③含羞草：它的体内含草碱能使毛发脱落。④月季花：它的浓郁香味，会使一些人胸闷不适，憋气、呼吸困难。⑤百合花：它的香味也会使人的中枢神经过度兴奋而引起失眠。⑥夜来香：它的香气会使高血压和心脏病患者感到头晕目眩郁闷不适。⑦夹竹桃：它的分泌液会使人中毒，令人昏昏欲睡，记忆力下降。⑧松柏：松柏类花木的芳香气味对人体的肠胃有刺激作用。⑨洋绣球花：它所散发的微粒，会使人皮肤过敏而引发瘙痒症。⑩郁金香：它的花朵含有一种毒碱，接触过久，会加快毛发脱落。⑪黄花杜鹃：它的花朵含有一种毒素，一旦误食，轻者会引起中毒，重者会引起休克。

（7）适合摆放在阳台的植物

阳台可以种爬山虎，其不怕强光，能紧贴墙面生长，可减少阳光辐射。

室内植物在表现时相对比较细，比较具象，但是画法基本相同。室内植物独特的一点作用是用来点缀空间、装饰空间。

我们可以从简单的小植物开始画起，如多肉类植物。这类植物在空间装饰运用中越来越受人们的青睐。

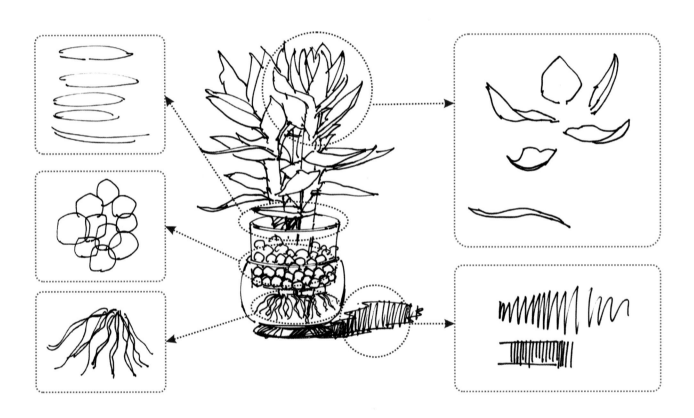

盆栽植物的分析

● 多肉类植物的表现。

● 室内植物的线稿表现。

● 室内植物的上色表现。

3.3　摆设物品

3.3.1　艺术陈列品

目前市面上的陈列品品种繁多，有陶瓷、玻璃、木制品、铁艺等。在营造一些特殊风格的时候，用软装的手法来植入些陈列品会比硬装更节约成本，效果也会非常直观。有的时候软装的植入会为空间增加个性感，甚至可以反映出空间所有者的尊贵程度。

鸟笼的空间运用现在越来越广泛，常见于会所、酒店大堂、家庭装饰、园林景观，不再是传统遛鸟专用的，现在的装饰手法也呈现多样化，有的作为各式灯具装饰，有的作插花装饰，有的只是提取它的元素，放大或缩小等。

对于桌面的摆台表现，我们可以选取一小部分，画成一个组合，或者重新组合。一方面可以定位装饰风格，以小见大；另一方面可以提高组合造型能力。

软装设计摆台，不一定非要体现在工艺品、陈设品上。其实生活中一些不经意的生活品，甚至水果、蔬菜、菜盘子、杯子、图书都是可以作为陈设的一部分。只要合理地摆设搭配，就会成为家居空间的一道亮丽风景。

3.3.2 挂画

在选择合适的家具后，还要植入一些大体量的挂画，才能让空间富有一定的生机，在画品和花艺上面如果进行一些色彩的呼应，空间会多彩动人。

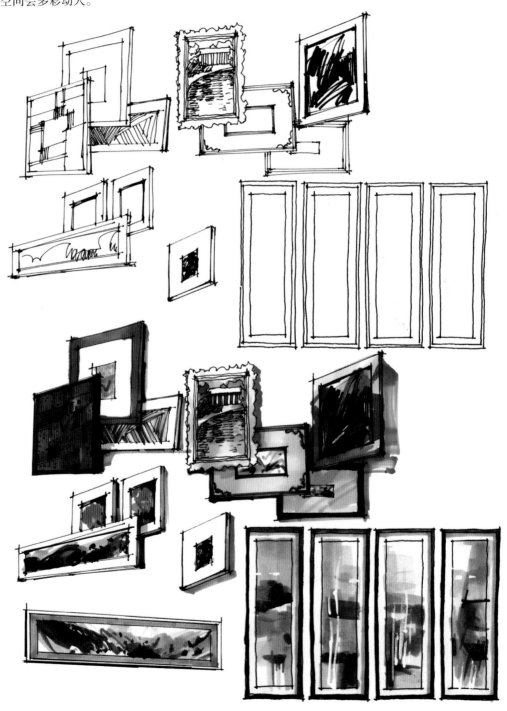

3.3.3 摆设物品上色步骤图

（1）现代摆台

步骤一：先画出这组陈列品的线稿，注意物品前后间的穿插关系，以及其体量大小在画面中的摆放位置

步骤二：先上绿色，因为其所占面积较大

步骤三：再找两支马克笔画背景色，背景色的颜色尽量找灰色调的。画的时候也要考虑其光影的变化

步骤四：大部分装饰瓶子颜色简单一点，与背景要融合，再用彩色笔提亮画面，跳出绿色视线

步骤五：最后，找重颜色的马克笔来加重，丰富画面的明暗关系

（2）欧式摆台

步骤一：先画出线稿，可以先画前面物品的颜色。比如先画图中的松枝

步骤二：再画旁边的其他物品，选一些跳跃的颜色。因为背景色考虑使用灰调子

步骤三：用灰黄色画桌子和画框，墙面也用纯灰的笔画上淡淡的色调

步骤四：加重画面的重色，增加黑白灰关系

（3）重色调子的摆台

步骤一：画出线稿。给画面视觉中心的物品画上非常重的色调，这组重调子要把握暗中有暗。可以先画一些冷色在其中

步骤二：背景色为暖色，这里选了一个暖黄色

步骤三：给窗帘加上软装花纹，给前面的沙发暗部一个简单的色彩，作为画面构图上的突破

3.4 吉祥元素摆件

吉祥元素摆件是一个常选的物品。中国传统文化博大精深，优秀的空间文化更是源远流长。我们追求物质空间的同时，还要强调精神空间，这样才能使我们感觉到生活在里面赏心悦目、心灵宁静，从而能够安居乐业。

室内吉祥元素有很多，在这里列举一些，以供参考。

- 人物类：关公、观音、佛、罗汉。
- 物品类：玉石、红灯笼、泰山石。
- 植物类：梅花、兰花、松、莲花、萱草、牡丹、灵芝草、葫芦。
- 动物类：鹿、大象、麒麟、四兽（青龙、白虎、朱雀、玄武）、狮、虎、龙、凤凰、鸳鸯、鹤、马、羊、猪、牛、金蟾、鱼、蝙蝠、骆驼。

在软装设计中对于这些物品的手绘设计表现是极其重要的。

关公是忠义勇敢的象征，被尊为"武圣""武财神"，形象威武，忠肝义胆，可镇宅避邪、护佑平安、招财进宝、财源广进、提振权威。类似物品还有三阳（羊）开泰、鹿角灯等。

中式圆形雕塑

三阳（羊）开泰

鹿角灯

吉象（祥）

关公

海洋系列摆台案例分析:

年年有余(鱼)

珊瑚也是珍贵、高雅的象征

表现分析: 背景使用彩铅,营造一种工业感、清新感,不同部分受光不同,平铺的时候也要注意过渡。另外,鱼的特点是要表现金属材质,所以它的明暗对比非常强烈

　　以马为形象设计的饰品、摆件很常见。有着各种吉祥的寓意，被视为事业成功、前程远大的吉祥物。

　　"龙马精神"是中华民族自古以来所崇尚的奋斗不止、自强不息的民族精神。祖先们认为，龙马就是仁马，它是黄河的精灵，是炎黄子孙的化身，代表了华夏民族的主体精神和最高道德。

　　"马到成功"：人们常常借助马的饰品来祝福事业能顺利取得成功。

　　还有些设计师将"马上"具体化作马的形象，跟另一些吉祥谐音的物品结合在一起，组成新的寓意。比如，一匹马上有一只猴子，寓意"马上封侯"，表达了人们对生活和事业上的美好愿望。

以马为主题的装饰品

　　吉祥物鹿的象征寓意：与禄字谐音，象征吉祥长寿和升官之意。禄为古代官吏的俸给。传说千年为苍鹿，二千年为玄鹿。故鹿乃长寿之仙兽。鹿经常与仙鹤一起保卫灵芝仙草，鹿字又与中国人追求的三吉星"福、禄、寿"中的禄字同音，所以也把鹿作为吉祥的动物了，在有些图案组织中亦常用来表示长寿和繁荣昌盛。在现代软装装饰中，不仅仅是我们国家，几乎各国的人民都把鹿当成吉祥物，越来越多地运用到各式各样的装饰上来。

桌台群鹿摆设品

以鹿头为主题的墙上装饰品

天圆地方的盆景摆设，方条形的几案，加上圆形的景盆，种上有吉祥意义的罗汉松。形成一组别具一格的小景观，其寓意也就更加深远。

步骤一：先画出线稿，如果透视把握不准可以用铅笔先定位透视，松叶线稿要注意有疏有密

步骤三：罗汉松的树干较为简单，上色注意受光区亮些，暗部画重些

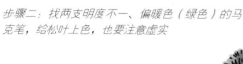

步骤二：找两支明度不一、偏暖色（绿色）的马克笔，给松叶上色，也要注意虚实

步骤四：这个几案表面的色彩应该是暗红色，但因受光影响，有些地方偏紫色，背光面较重，可以加重色

步骤五：最后，提亮一些区域，如盆的最亮点，并在植物上点一些亮点，使其更通透。加强
盆在桌子上的投影。而桌子的投影相反，可以用非常淡的灰色来画

3.5 部分家具表现

在一个环境中，选择适宜的家具，能使陈设的表现显得轻松，一些具有美感的家具，可以让空间增加灵气和工业感。在特定的环境当中甚至可以根据环境来定制家具、灯具，甚至是水果盘。其中，水果盘可以通过纹样与材质、色彩进行呼应。

3.5.1 单人沙发及座椅

单人沙发分为两种：一是四方体；二是曲线体。

四方体沙发首先可以看作是一个四方体，再对它进行挖切，得出不一样的造型。上色只要分出几个关系即可（即黑白灰）。

曲线体沙发在表现的时候要注意"曲"的表达，转弯时要肯定，下笔要准确，不要拖泥带水。如果一笔画不过去，可以适当断开，再接着画。

四方体沙发的表现

曲线座椅的表现1

曲线座椅的表现2

下面选择两组沙发上色步骤图，据此来体会一下单体沙发的表现。

①沙发单体上色表现1。

步骤一：画出这个单体沙发，用笔要准确、肯定。
透视变化其实很小，几乎保持平行的状态

步骤二：用一支单灰色马克笔上色，在灰面上平涂
即可，无须做过多的变化

步骤三：再画靠背的颜色，稍亮一点即可，另外
注意正面的色彩是有光的变化的

步骤四：坐垫的亮面可以用扫笔画过渡，画淡一些，
侧面的横条排笔方法往往为竖排笔触

步骤五：抱枕上使用一个淡淡的暖灰色，布艺选择淡蓝
色，以活跃画面。地面投影由远及近。由深入浅地上色

②沙发单体上色表现2。

步骤一：画出沙发的单体线稿，注意投影的疏密及靠背的结构

步骤二：找一支亮的淡蓝色马克笔，在正面受光面画一个亮色

步骤三：光是从右侧打过来的，再选一支重一点蓝色马克笔画沙发的暗面

步骤四：地面的投影可以用一支较重的马克笔加重，用笔要果断、准确。再画出配饰植物，给它一个简单的调子

3.5.2 多人沙发

多人沙发的表现相对较难些，我们可以这样理解，就是在原来单人沙发的基础之上，增加了一个或者几个位子。当然，其造型的感觉也有很多丰富的变化。

下面主要选择了一些直线沙发，曲线沙发表现起来相对较难，需要长时间的练习。

注意：练习的时候先不要找太多不同透视角度，或者太多曲线的沙发。线条
尽量简洁到位，不要反复修改。

灰色系   彩色系

注意：上色时建议选择一些单色马克笔入手，先学会找物体的光影关系，掌握各个部位的排笔轻重之分

3.5.3　藤制家具

藤制家具的编织元素种类不多，表现时不要着急，免得画乱了。另外，画竹编、席编的家具时先画脉络，有个大致的定位后再来排线。排线时注意要有一定的弧度，根据它本身的透视关系来表现。

藤制家具在现代装饰中起到了很重要的作用，给人以休闲、放松、舒适之感，备受青睐。

藤制家具的几种编织方式

3.5.4　室内灯具

室内灯具原本是以室内照明功能为主要目的，但现在的灯具更多的是为美化室内空间装饰的效果，它不仅能给单调的色彩和造型增加新的内容，同时还可以通过造型的变化、灯光强弱的调整等手段，达到烘托室内气氛、改变空间结构感觉的作用。

除了平时常见的灯具外，我们还可以考虑更多更有意思的造型，或者是一些复古、仿生的灯具。

越来越多的产品设计师，会根据室内设计师或陈设计师所提出的要求，改良产品，从而更容易地应用到空间当中，整体氛围营造得非常地道。另外，一些灯笼的运用，会体现出非常强的工业感、装饰感和时代的信息感。

3.5.5　地毯

地毯可以根据配饰的图案风格、软硬质感来进行表现。同时也要注意透视要紧随整体空间。

铺有地毯的地方往往是居家中比较温柔的场地，同时也是提升居住者品位的重要一点。选择一块合适的地毯的确要花一些心思，功能、风格、颜色和图案都要考虑在内。可以从以下3个方面进行考虑。

（1）从与居室搭配角度看

将居室中的几种主要颜色作为地毯的色彩构成要素，这样选择起来既简单又准确。在保证了色彩的统一协调性之后，再确定图案和样式。

（2）从地毯用途角度看

门口的地毯宜小，有美化和清洁的作用，宜选化纤地毯。而客厅的地毯则需要占用较大的空间了，可以选择厚重、耐磨的款式。面积稍大的最好铺设到沙发下面，显得整体划一。若客厅面积不大，应选择面积略大于茶几的地毯。

卧室中的地毯，作用在于营造温馨的气氛，所以其质地相当重要。市面上有一些绒毛较长，以粉色为主的专为卧室设计的地毯，铺设在家中既温馨又浪漫。

儿童房可以选择带有卡通人物图案的地毯。从质地上来看，不妨选择既容易清洁又防滑的羊毛地毯。

（3）从地毯质量角度看

地毯的质量关系到地毯使用寿命，无论选择何种质地的地毯，优等地毯外观质量都要求毯面无破损、无污渍、无褶皱、色差、条痕及修补痕迹均不明显，同时毯边无弯折。化纤地毯还应观其背面，毯背不脱衬、不渗胶。

3.5.6　床

床是卧室体量较大的家具，当考虑空间软装风格、色调的时候，也可以先从床来考虑。

3.6 装饰柜、装饰几案

3.6.1 现代风格的柜子

对于装饰柜的练习，我们可以先画一些简单的、四四方方的展示柜。进而再去选择一些自己喜欢的不同类型的来表现。对于这些小体量的家具来说，表达起来相对要轻松一些。

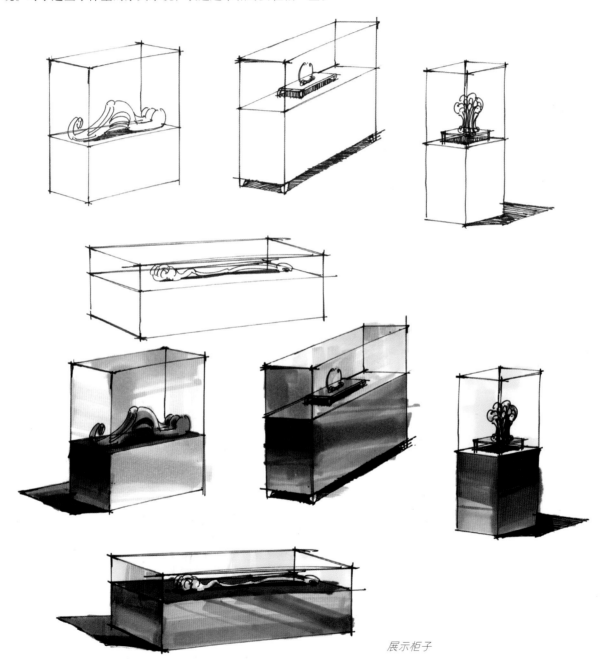

展示柜子

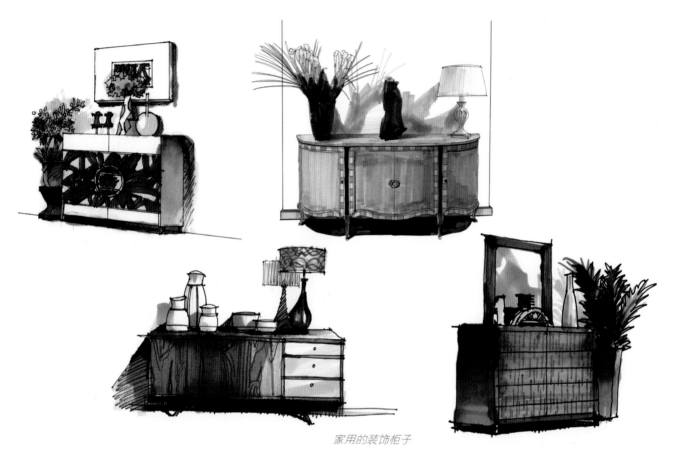

家用的装饰柜子

● 配色的比例：

　　两个物体配色的黄金比例是1：0.618，约略是5：3，或者类似比例3：2、2：1，都是不错的比例。另外一个配色的黄金比例是70：25：5，是指所占画面的全部比例。

　　这款小品的用色采用了6：3：1的比例，即灰黑色调约占6，黄色调约占3，其余约占1。

3.6.2　中式风格的柜子与几案

柜子与几案的表现，可以根据它的新旧程度来选择用色。有的是表现崭新的古韵味，有的是表现历史的存在感。

中式的柜子作为陈设，很少单一存在，当摆上一个中式的陈列品后，往往具有更强烈的美韵，这也是人们在追求一些更高的精神存在。

3.6.3　中式窗花

在现代生活装饰设计中，人们赋予中式窗花更多的意义：把传统文化与现代文化相结合，是对传统文化的极大升华。似窗不是窗，更多的是一种装饰艺术品，讲究空间的虚与实。同时，它也是集美于一身的艺术存在。表现的难度系数为五颗星，在手绘表现中，不一定要画得非常精细，可以是大致的草图。

3.6.4 装饰几、柜的步骤图

装饰柜和几案也是常用的装饰家具，无论是展示空间、商业空间，还是家居空间，一个好的装饰环境，都离不开装饰柜所营造的氛围。

（1）欧式梳妆台表现步骤图

步骤二：找一个相近的重木色马克笔，加重桌子的背光区域，同时用灰色画陈列品

步骤一：画好线稿后，先找个淡一点的木色马克笔画桌子

步骤三：给镜框一个亮一点的金黄色木色。同时，镜子里反射的天花，用冷灰色马克笔进行表现

步骤四：给这组装饰柜子加上地面和墙面，就形成了一个小空间。注意，这个不规划的地毯，也是有透视关系的，配色要参照前面的颜色

（2）泰式几案表现步骤图

步骤一：画出这组线稿，特点是其穿插关系很强。先给背景上个重色，突出前面

步骤二：再上一些灰色，延伸地面投影，配上一些淡淡的冷暖色，增加画面的互动性

步骤三：给几案上色，要注意它每个面所受的光的变化。还有几案上摆的桌旗，所用颜色要融合于画面的其他颜色

步骤四：一个画面的投影是有区别的，如投在沙发上的是淡的暖色；沙发底部的是重的灰色

（3）古典中式青花装饰柜表现步骤图

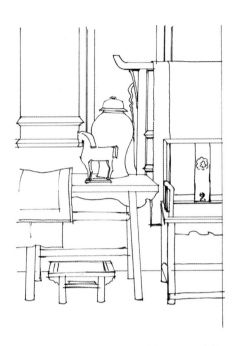

步骤一：画出这个小空间线稿，先打个铅笔稿，细心描绘好各物体造型

步骤二：给背景铺上一个底色，深红木色。桌子下面暗部偏重一些。用灰黄色给窗格做底色

步骤三：加深桌子底下的暗部，同时画出窗格的线稿，添加暖灰色顺着墙面从左至右变化

步骤四：用以上使用的笔，给桌子上色，色调不易脱离画面。同时用暖灰色画出地面部分

步骤五：找两支蓝色马克笔，一支灰蓝色，一支蓝艳一点的。为布艺和罐子上色。画出布艺图案

（4）青花背景小品表现步骤图

步骤一：画出这个小景的线稿，下半部分桌布的皱褶线可以用一支淡的马克笔来表达

步骤二：先铺上一个底蓝色，阴影部分用灰蓝色。桌面的黑色桌布可以加重，与后面的整体淡色对比起到压制画面的作用

步骤三：画图案及纹理，墙面青花瓷盘的图案在绘制的过程中需要比对，有耐心地去表现

步骤四：给桌面的陈列品上色，对于画瓷器来说，只需要选用比较淡的色调

步骤五：加重下半部分布艺的暗部部分，并且要有变化关系存在

（5）现代中式几案表现步骤图

步骤一：画好线稿后，选支亮木色马克笔，画板凳灰面
及暗面，用一支暖黄色马克笔画其亮面和几案。右边的
陶瓷凳用淡冷色加灰色画在灰面

步骤二：几案的铁艺直接用马克笔加重，表现灯罩的暗
部时先画一点黄色，体现深色还能透出细微的光

步骤三：墙上的挂画用灰色过渡，这种肌理效果是由一支本
身水分不足的马克笔画出来的

步骤四：再找支亮黄绿色马克笔画植物，加重植物背景的门
的颜色

步骤五：加重近处的花器，与远处的凳子形成明暗对比，同时要有本身的明暗变化，地面的大理石纹理用灰色果断地画出，也要注意透视，同时扫一些淡蓝色

3.7 装饰纹样的思考

　　本书所说的装饰纹样是一种装饰图案。比如，在器皿、建筑、家具、工艺品、服饰等上绘出的图案，达到装饰的目的。装饰纹样有很多种，我国古代称为"纹镂"，现在一般称为"花纹""花样""模样""纹饰"或者"图案"，在民族服饰、瓷器、建筑、生活用品、艺术作品中经常出现。

（1）瓦的装饰设计样式的思考

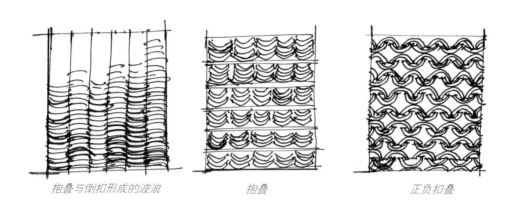

抱叠与倒扣形成的波浪　　　　　抱叠　　　　　正负扣叠

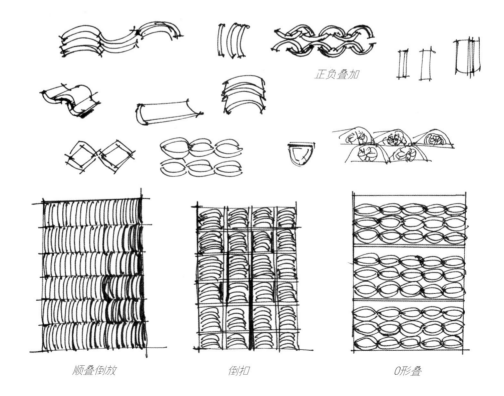

正负叠加

顺叠倒放　　　　　倒扣　　　　　O形叠

（2）稻子的装饰设计样式的思考

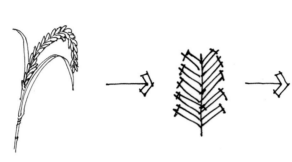

（3）其他的装饰样式

4 家居空间软装表现

INTERIOR FURNISHING OF HOME SPACE

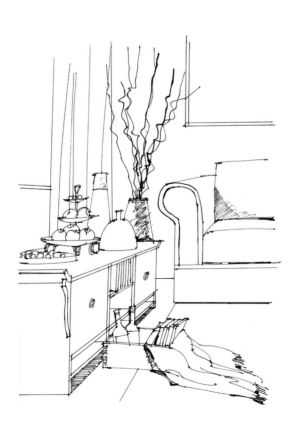

4.1 家居空间软装的原则

家居空间软装的选择和布置，主要是处理好软装和家具之间的关系，软装和软装之间的关系，以及家具、软装和空间界面之间的关系。由于家具在室内常占有重要位置和相当大的体量，因此，一般说来，软装围绕家具布置已成为一条普遍规律。

家居空间软装的选择和布置应考虑以下几点：

①室内的软装应与室内使用功能相一致。一幅画、一件雕塑、一副对联，它们的线条、色彩，不仅为了表现本身的题材，也应和空间场所相协调，只有这样才能反映不同的空间特色，形成独特的环境气氛，赋予深刻的文化内涵，而不流于华而不实、千篇一律。如清华大学图书馆运用与建筑外形相同的手法处理的名人格言墙面装饰，加强了图书阅览空间的文化学术氛围，并显示了室内外的统一。

②室内软装元素的大小、形式应与室内空间家具尺度保持良好的比例关系。室内软装元素过大，常使空间显得小而拥挤，过小又可能导致室内空间过于空旷。局部的软装也是如此，例如沙发上的靠垫做得过大，会使沙发显得很小，而过小则又如玩具一样感觉不妥。软装的形状、形式、线条更应与家具和室内装修密切配合，运用多样统一的美学原则达到和谐的效果。

③陈设品的色彩、材质也应与家具、装修统一考虑，形成一个协调的整体。在色彩上可以采取对比的方式以突出重点，或采取调和的方式，使家具和软装之间、软装和软装之间取得相互呼应、彼此联系的协调效果。另外，色彩也能起到改变室内气氛、情调的作用。例如，以无彩系处理的室内色调，偏于冷淡，常利用一簇鲜艳的花卉，或一对暖色的灯饰，使整个室内气氛活跃起来。

④软装元素的布置应与家具布置方式紧密配合，形成统一的、风格良好的视觉效果。包括稳定的平衡关系，空间的对称或非对称，静态或动态，对称平衡或不对称平衡，风格和气氛的严肃、活泼、活跃、雅静等，除了这些因素外，布置方式也起到关键性的作用。

⑤室内软装的布置部位：

● 墙面软装。墙面软装一般以平面艺术为主，如书、画、摄影、浅浮雕等，或小型的立体饰物，如壁灯、弓、剑等，也常见将立体物品放在壁龛中，如花卉、雕塑等，并配以灯光照明，也可在墙面设置悬挑轻型搁架以存放物品。墙面上布置的软装常和家具发生上下对应关系，可以是正规的，也可以是较为自由活泼的形式，可采取垂直或水平伸展的构图，组成完整的视觉效果。墙面和物品之间的大小和比例关系是十分重要的，需要留出相当的空白墙面，使视觉得到休息的机会。如果是占有整个墙面的壁画，则可视为起到背景装修艺术的作用了。此外，某些特殊的陈设品，可利用玻璃窗面进行布置，如剪纸窗花以及小型绿化，以使植物能争取自然阳光的照射，也别具一格。窗口布置绿色植物，叶子透过阳光，能够产生半透明的黄绿色及不同深浅的效果。布置在窗口的一丛白色樱草花及一对木摩鸟，以及半透明的、发亮的花和鸟的剪影形成对比。

● 桌面摆设。桌面摆设包含有不同类型和情况，如办公桌、餐桌、茶几、会议桌以及略低于桌高的靠墙或沿轴布置的储藏柜和组合柜等。桌面摆设一般均选择小巧精致、宜于微观欣赏的材质制品，并可按时即兴灵敏更换。桌面上的日用品常与家具配套购置，选用和桌面协调的形状、色彩和质地，常起到画龙点睛的作用，如会议室中的沙发、茶几、茶具、花盆等，须统一选购。

●落地软装。大型的装饰品，如雕塑、瓷瓶、绿化等，常落地布置，布置在大厅中央的常成为视觉的中心，最为引人注目。也可放置在厅室的角隅、墙边或出入口旁、过道尽端等位置，作为重点装饰，或起到视觉上的引导作用和对景作用。大型落地软装不应妨碍工作和交通路线的通畅。

●软装橱柜。数量大、品种多、形色多样的小物品，最宜采用分格分层的搁板、博古架，或特制的装饰柜架进行陈列展示，这样可以达到多而不繁、杂而不乱的效果。布置整齐的书橱书架，可以组成色彩丰富的抽象图案效果，起到很好的装饰作用。壁式博古架，应根据展品的特点，在色彩、质地上起到良好的衬托作用。

●蠹挂软装。空间高大的厅，常采用悬挂各种装饰品，如织物、绿化、抽象金属雕塑及吊灯等，弥补空间空旷的不足，并有一定的吸声或扩散的效果。居室也常利用角隅悬挂灯饰、绿化或其他装饰品，既不占面积又装饰了枯燥的墙边角隅。

4.2 平立面表现

用色彩给平面图上色，不仅仅能增加功能分区上的辨认性，也可以用来表现材质、光影。平面图作为所有的图纸中最具有技术含量的一张图纸，通过色彩、肌理、材质、光影的运用，能让一张平面图更加易读、易懂。

马克笔给平面图上色的要点：

①光源的确定，只有当光源很好确定后，才能找到物体间的明暗关系。

②明暗关系，阴影的加入要有统一性，这样会让平面产生三维立体感。

③光感与材质等细节的刻画，能让画面更加精致。

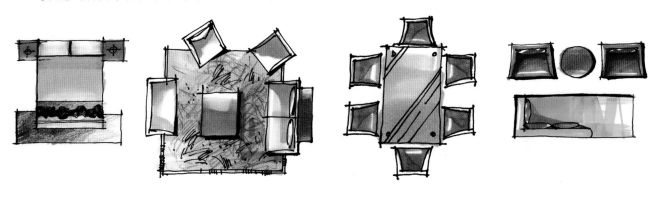

平面布置图 1:80

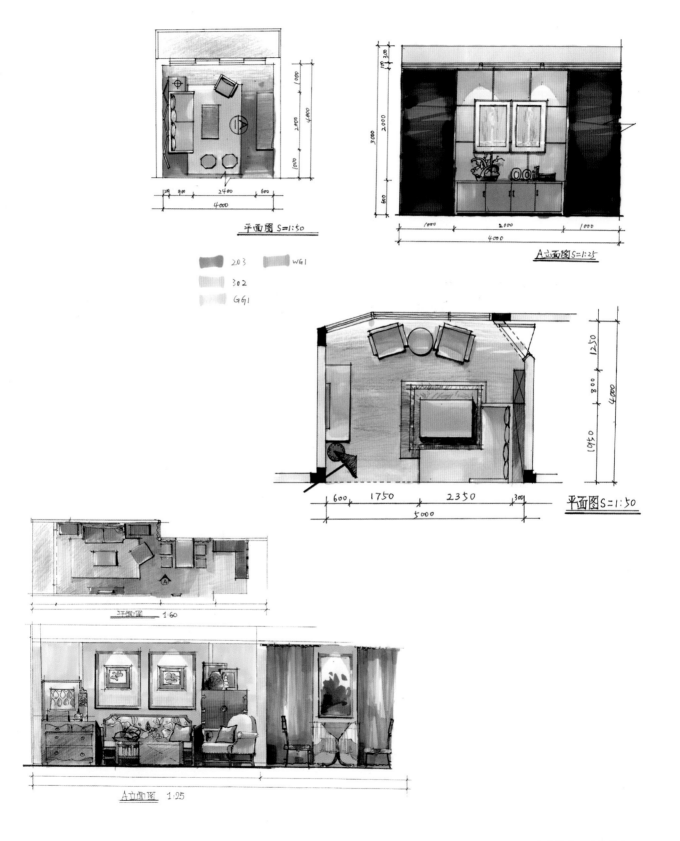

平面图 S=1:50

203   WG1
302
GG1

A立面图 S=1:25

平面图 S=1:50

工平面图 1:60

A立面图 1:25

4.3 客厅空间软装表现

4.3.1 茶几表现

一般的茶几还是比较有规则的，要么表面是正方形、要么是长方形。也有比较艺术的，如依枯树的自然形态设计的，还有圆形或多边形的等。材质上来说，比较常见的有木材质、铁艺材质、玻璃及不同材质的镶嵌产品。

我们在表现茶几的时候，要注意它的光影、材质、反光、倒影、环境光、投影方向。然后再考虑其作为陈列品，搭配出一组相对较好的效果。

茶几练习是一个很好的过程，篇幅小、易掌握。不像画空间那样，需要长时间。初学者可以先选择尝试画几组。

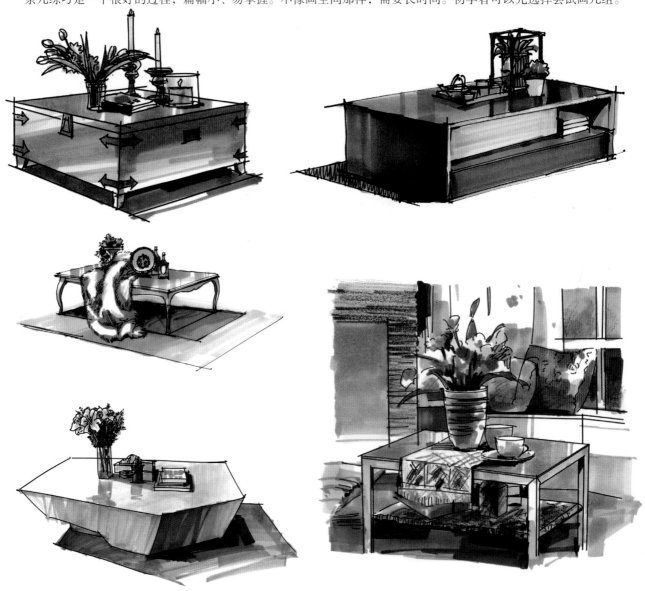

4.3.2 客厅空间软装表现步骤图

（1）壁炉边软装表现步骤图

步骤一：上色一般会先上最近的物体，或者面积最大的物体，因为它们可以决定空间的色彩倾向

步骤二：把画面中重的色调先画出来。先画暗部，再画亮部

步骤三：画完暗部之后，对墙体及投影的表现相对要轻一些，只是作为画面中的灰调子。同时，加深一些暗部，让亮部对比更强

步骤四：最后再选一支黄色马克笔画地面、灯具，近处的笔触要画轻松些，投影的位置可以加一些暖灰色，并压暗一点

（2）客厅沙发配色表现步骤图

步骤一：找一个蓝绿色马克笔画坐凳，再上点灰色定个基调。木色用暗红色

步骤二：沙发上的布艺也用这个蓝绿色，配灰黄色穿插其间

步骤三：地面和窗帘用灰色扫一遍，并画出投影的灰色

步骤四：给地面上一个黄木色，墙面上画一个淡灰调子，地面投影再加重色，突出一些物体

（3）美式客厅表现步骤图

步骤一：这一组特色的沙发是个亮点。我们在上色的时候就定位了整个空间的主调子，用色时选两个不同深浅的红色，暗面可以加一点紫色

步骤二：加入第二个颜色，即黄色，同属暖色调，颜色就不会偏离

步骤三：墙体的颜色选的是跟黄色沙发相近的颜色，适当偏灰一点。保持整体色调上的统一

步骤四：选一支红木色马克笔画地面。摆动的笔触可以轻快一点。同时，再拿一支暗红木色的笔画在投影位置，加深投影

步骤五：再加深近处的地板，同时给柜子上个灰调子。加强投影的效果

（4）混搭风格客厅表现步骤图

步骤一：这是一个软装比较丰富的空间，表现家居首选暖色调。因此，这里用了一些高雅的色调，以灰调子为主，也就是高级灰

步骤二：这种上色的方式，要将一些物体上成重色，比如抱枕、器皿等

步骤三：沙发的转折面背光加一些灰黄色，同时背景的画也用一些灰调子

步骤四：茶几部分偏暗，体现周边的灯光效果，注意玻璃瓶的表达，要有的通透、有的反光

步骤五：最后再画后排柜子，柜子里有灯管，马克笔上色时叠加上色。另外，左侧和右侧不一样，右侧受到落地灯的影响，柜子表面也有受光

（5）别墅客厅一角表现步骤图

步骤一：画出这个居家的一角，对于竹编的家具，画线稿时要跟着结构，有顺序地画。因为后面要上色，所以整体上没有过多的描述

步骤二：先找一支暖黄色马克笔画墙体，再找一支暖灰色马克笔画背光的窗和地面投影部分。植物分受光部分和背光部分，受光部分相对较亮，用黄绿色马克笔表现

步骤三：沙发的纹理现在可以用马克笔直接画出。注意阳光照射的位置

步骤四：给竹编茶几上色，选一支淡淡的暖灰色马克笔画整体的色调。茶几上面的玻璃左右各受环境不同影响，其表现也有区别。下面是暗部，可以纯黑色加重，同时注意留渗透进来的光，这样更加生动

步骤五：窗外的风景不宜过多地刻画，相对较为简单，色调要与室内主色协调，与室内融合。室内还有两扇门，上面的玻璃有反光，在表现反光的时候，原则是重的色彩很重，轻的色彩很轻

118 | *DESIGN DRAWING OF INTERIOR FURNISHING*

4.3.3　客厅软装组合

客厅的软装表达，可以从一些小组合开始，配色相对自由，造型也会简单一些。

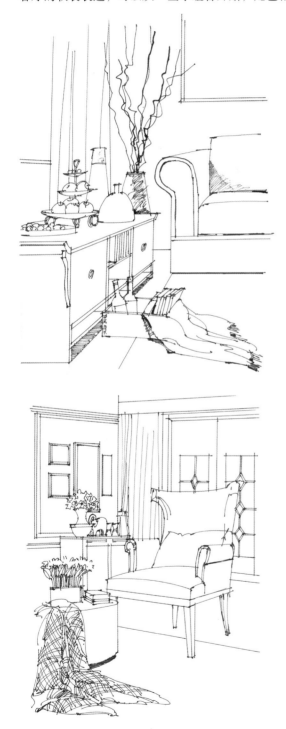

卢山艺术特训营　沙沛作品

4.3.4 客厅空间表现

可以做这样的一些配饰，选择一些相应的饰品，组合在一起进行比对，其比对的特征有材质、色彩 、风格、品位及明暗。

客厅是家居生活的中心，也是接待亲朋好友的第一场所。要多花点工夫在客厅的装饰上，以体现主人的生活品质。

室内空间两点透视表现

现代中式客厅两点表现:注意事项.
A: 很多同学们在处理画面动态空间里有很多奇怪的空间关系,如果一个来源提起研不清晰,在这个画面就画了很乱说明关系.
B: 注意源顶和体投色的搭配,很多同学在的时候却来回各物体屏蔽同样色.在质生配而随意志区,造成整个画面的层次区来乱脚,样,双表层脚的效果失去了真正的意义.
C: 材质的表现,要有层次而且.无论是表层的物件,沙发椅子桌桥而把和周前的比.
D: 构图的重住与细节的考画

注:画面最底层.软装的细布,但很喜欢.处理而都多类似.

刘辉作品

刘辉作品

4.4 餐厅空间软装表现

  餐厅的空间软装既要美观，又要
实用，不可信手拈来，随意堆砌。各类
装饰用品因置放不同而造就不同氛围。
设置在厨房中的餐厅的装饰，应注意与
厨房内的设施相协调。设置在客厅中的
餐厅的装饰，应注意与客厅的功能和格
调相统一。若餐厅为独立型，则可按照
居室整体格局设计得轻松浪漫一些。相
对来说，装饰独立型餐厅时，其自由较
大。具体地讲，餐厅中的软装饰，如桌
布餐巾及窗帘等，应选用较薄的化纤类
材料，因厚实的棉纺类织物，极易吸附
食物气味且不易散去，不利于餐厅环境
卫生；花卉能起到调节心理、美化环境
的作用，但切忌花花绿绿，使人烦躁而
影响食欲。

例如，在暗淡灯光下的晚宴，若采用红、蓝、紫等深色花，会令人感到稳重。这些花，若用于午宴时，会显得热烈奔放。白色、粉色等淡色花用于晚宴，则会显得明亮耀眼、令人兴奋。

瓶花与餐桌的布局亦要和谐，长方形的餐桌，瓶花的插置宜构成三角形；而圆形餐桌，瓶花的插置以构成圆形为好。

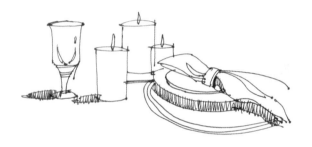

应该注意到餐厅中主要是品尝佳肴，故不可用浓香的品种，以免干扰食品的韵味。

餐厅的空间也宜用垂直绿化形式，在竖向空间上，以垂吊或挂嵌等形式点缀绿色植物。灯具造型不要太烦琐，以方便实用的上下拉动式灯具为宜。同时，也可运用发光孔，通过柔和光线，既限定空间，又可获得亲切的光感。在隐蔽的角落，最好能安排一只音箱。就餐时，适时播放一首轻柔美妙的背景乐曲，医学上认为可促进人体内消化酶的分泌，促进胃的蠕动，有利于食物消化。

其他的软装饰品，如字画、瓷盘、壁挂等，可根据餐厅的具体情况灵活安排，用以点缀环境，但要注意不可因此喧宾夺主，以免餐厅显得杂乱无章。

（1）意大利风格餐厅桌椅表现步骤图

步骤一：画好餐桌的透视线稿，建议选一支稍细点或者淡一点的笔画图案。接下来开始给近处的椅子上色。坐垫和靠背是蓝色皮革，其余是木材。先用两支蓝色马克笔来画皮革的深浅，再用两支明度不一的马克笔画木材

步骤二：开始向外延伸，把所有椅子的木材部分画好。同时注意笔触要有轻有重

步骤三：接下来用前面使用的蓝色，画完剩下来的椅子。中间有个黄色装饰，亮面的呈亮色。处在暗面的用灰色压暗点

步骤四：用同样的木色马克笔再来画桌子，同时，桌面部分选择反光的淡黄色

步骤五：最后来画地毯。地毯是有图案的，同时也有光影。亮的地方图案不作细节分析，暗面体现精彩细节

（2）现代中式餐厅空间表现步骤图

步骤一：先画出空间线稿，难点在于这个圆形的餐桌，需要把透视画准确。窗户玻璃部分找一支淡蓝色马克笔，注意笔触不要画乱了。餐桌上的玻璃用暖灰色，适当扫一点冷色，泛起一点玻璃的味道

步骤二：选一支暗一点的木色马克笔画柜子背光的部分，装饰品选用最重的颜色，但要留光影。地毯部分用短笔触表现，由外及里，慢慢叠加深色

步骤三：一个空间木色不宜过多，这里选了两个木色，现在用第二木色来画椅子，这个木色色彩要亮一些

步骤四：再处理一些墙体背光部分，用的马克笔也是比较轻淡的。同时，淡灰色画在白色桌布的暗面及灯具的玻璃上

步骤五：再用灰一点的土黄色画地板，连接画面，形成一个整体，注意窗户来的光使柜子形成的投影

4.5　厨卫空间软装表现

4.5.1　厨卫空间软装上色步骤图

（1）厨房表现步骤图

*步骤一：画面重色有
两种方法——一是加
重投影；二是把一些
物体画成重色。这里
选择的是后者。找几
支色彩比较重的马克
笔，加重几个箱子与
器物*

*步骤二：再拿两支灰色
马克笔画台面部分，水
槽金属部分有光影深浅
变化*

*步骤三：用一支轻色的马克笔画墙体部
分。另外，拿两支绿色马克笔画植物，有
轻有重*

*步骤四：窗外绿色较为亮，但是要画得淡、轻，要与室
内的绿色形成对比。地面部分由远及近，由亮变深*

（2）卫生间表现步骤图

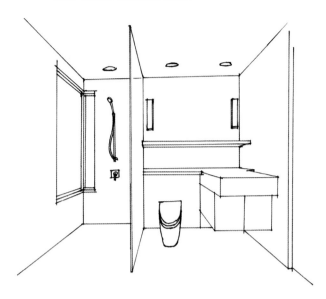

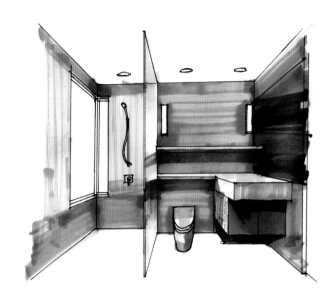

步骤一：这是一个非常简洁的卫浴空间。首先画出其线稿

步骤二：马克笔用笔要肯定。选择灰黄色作为墙体的基本颜色。玻璃墙的质感因受环境光的影响，从上到下有变化，中间有窗光变亮，注意洗手盆及柜子的投影表现

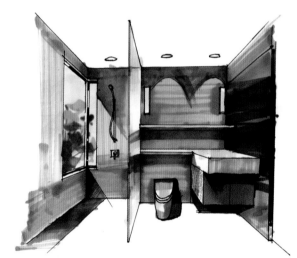

步骤三：加强光影，注意由窗户外投进来的阳光所造成的光影、天花的射灯，以及墙体板材的反光效果

步骤四：最后完善空间，把天花、地面画成灰色，并注意地面的倒影，用彩铅加补一些面的材质质感

4.5.2　厨卫空间软装上色表现图

　　现在越来越多的空间开始注重定制，从整体厨房革命到整体衣帽间再到整体书房改变着我们的生活，在给我们的生活带来很多方便的同时，也给越来越多有个性需要的人们提供了非常便利的选择。在一些空间当中，也可以根据特殊需求进行的餐桌、餐椅、灯具定制。

　　要让厨房空间变得更有魅力，需要重视色彩和造型的需求。我们直接在网络上搜索，就可以发现很多漂亮的家具和饰品。

文嘉作品

杨洋作品

4.6 书房空间软装表现

书房属于私密空间，以幽雅、宁静为原则。在传统观念中，书房就是看山、读水、听香、画画，更有梅、竹、兰、菊相伴。但现在的书房功能可能会有更多，比如还有工作、上网，装饰上也挂有油画、水彩画、装饰的工艺品、插画，甚至摆有沙发可供休息。

4.6.1 书房空间软装上色步骤图

 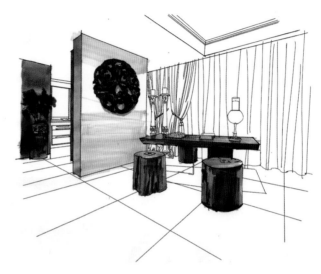

步骤一：上色时可以从前面的物体开始，这个空间体现一种简约的中式风格，选择的是一些灰木色，即相对比较平稳的调子

步骤二：对于给这样的墙体上色，运笔时要注意从上到下光的变化，要么上重下轻，要么下重上轻。前后墙体上色时也要有轻重区分

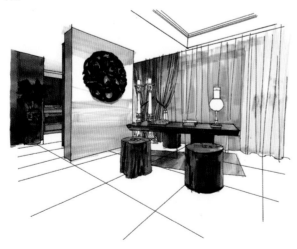 

步骤三：远处的重色既能拉远空间的进深，又能起到层次上的变化。窗帘所占空间的篇幅比较大，所以表现时不能太死板，要根据光的变化来处理，还有背景透出户外的冷色与黄色窗帘的叠加变化

步骤四：天花受光相对较暗，因此画得要重些，但前后部分要有变化，由深入浅

步骤五：完善天花上的灯，可以用涂改液作光的表现。地面部分根据透视来进行表现，先上一个基本色调，调和整体画面，画出地面受到的投影及倒影部分，最后用一支暖灰色马克笔画出一些石材的纹理

4.6.2　书房空间软装上色表现图

　　书房是可以体现主人文化品位的空间，也可以体现主人好学、勤奋的品质。当今的软装设计，不仅仅会从其功能上去考虑选择，也会考虑其色彩的淡雅、气味的温和等。

　　书房的手绘练习也可以从一些小的软装组合元素开始。

一个好的书房，不一定是古香古色，也不一定要简约大气，其实可以书香满屋。当书架上摆满了图书，旁边配以一款柔软的沙发，休闲舒适之感便油然而生。

4.7 卧室空间软装表现

4.7.1 卧室空间软装上色步骤图

（1）床上布艺表现步骤图

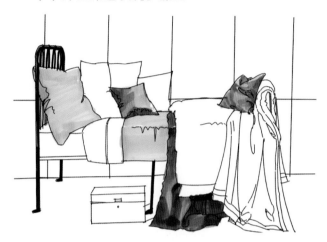

步骤二：在底色的基础上画上图案，与在一些没有底色的布艺上画图案形成对比

步骤一：选择一个色调来表现，这里选择冷色为基色，先铺上一个底色

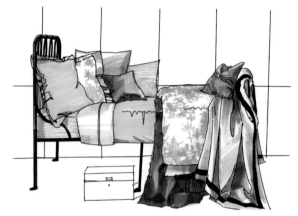

步骤三：有色彩的与无彩色的对比，穿插一些无色彩的布艺，这样可以形成虚实对比

步骤四：配上背景色，即画面中的淡冷色与地面的灰暖色。淡冷色在画面中可以融合画面并突出前面的深蓝色。当然，灰暖色与冷色形成了很好的色彩对比效果。最后，再加上投影以加强光感

（2）高级灰表现步骤图

步骤一：先画出卧室空间线稿，这里选择的是一个穿插关系极强的视角，其视点位置也较低

步骤二：选择一个冷色调作为画面的基色。运笔时有快有慢，受光部分可以运笔加快，暗部以及远处可以缓慢均匀用笔

步骤三：选择一个木色，这里选的是一个灰色调的木色，保持画面相对平和

步骤四：选择找一种与冷色相对应的红色（淡红色），或者选择西瓜红之类的颜色，画在床单与窗帘上，再选择大红色点缀沙发上的抱枕与插花。这个配色的特点是：虽然前面为大红色，但量少，与冷色后面的大面积淡红色形成呼应与牵制

步骤五：最后，空间的彩色不宜再增加了。所以选择几支灰色马克笔，画上灰色
部分。画的时候注意光的变化和运笔的速度

（3）黄色调表现步骤图

步骤一：*画出床边软装最精彩的部分，注意床单图案的透视转折*

步骤二：*本案例上色的亮点之一就是明暗对比，所以选择几支较重的马克笔，如CG7、CG9、120。初学者往往就不敢使用重色，这里大家可以切身体会一次，相信以后使用重色会更有感触。画的时候注意同一个面要有变化，不要画得一片黑*

步骤三：*再画第二、第三个层次的灰色调，抱枕是亮色调，使用CG1之类的笔。墙面是背光，可以用类似卡卡马克笔的107号笔，形成灰调子*

步骤四：最后加彩色调，选用两支不同色阶的黄色、土红色马克笔。再加灰色处理暗部，让空间瞬间
出彩

4.7.2 卧室空间软装上色表现图

要给一个空间搭配什么样的家具，选择什么样的材质，不妨通过勾勒一些草图的方式来比较选择。比如，我们在选择木色时，不能选择太多，一两种就足够了。在空间的黑白灰关系上，也要考虑材质的色调，如下图，重调子的线条配上轻柔的布艺，这样搭配出来的空间也自然协调。

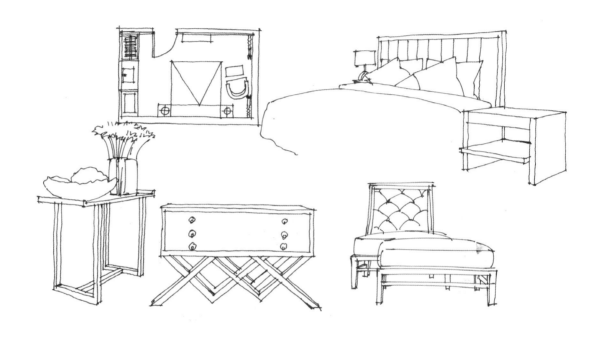

通常来说，配色时使用同一色系是最保险的配色方式。要么主暖色、要么主冷色、要么主灰色。

冷与暖的对比，如下图，整体要体现其一方的颜色表现了一个热情的空间，在用冷色的时候，要选属于冷色系里偏暖色的冷。

主灰色的空间，如下图，即使空间运用了彩色，其彩色也要是灰调子，空间主要靠明暗关系来加强对比，彩色灰调子的空间也显得很高雅。

庐山艺术特训营　王姜作品

　　要协调整个空间的色调与氛围，就需要考虑选择一两款相近的图案、色调。可以从风格上考虑，所搭配出来的是形成了怎么样的一个风格体系。

选择什么样的色彩来搭配呢？

　　家居室内空间主要还是以偏暖色为主。在选择颜色的时候，尽量考虑暖色调。适当的地方稍加一些冷调子作为空间色彩的调和。

杨洋作品

祝赐平作品

5 公共空间软装表现

INTERIOR FURNISHING OF PUBLIC SPACE

5.1 公共空间软装设计的原则

公共空间的软装设计应该醒目、简洁、大方、独特，讲究气势，并符合多数人的爱好，有较强的吸引力。以酒店为例。

5.1.1 大堂空间

在大堂空间中都有一处或几处引人注目的重点软装艺术设计。软装品多为大型的雕塑、绘画等艺术品，而功能性软装艺术品只是适时地放置一些。大堂吧空间的软装艺术品喜欢选择抽象内容的作品，这是由于抽象艺术作品会根据观者的审美能力、心情的不同而有着不一样的视觉体验，从而有更大的诱惑力，符合公众艺术。也可以配上一些绿植，因为绿植给人们的感受是相同的，会得到一种旅途的轻松感。

5.1.2 餐厅空间

宴会厅的软装——整体空间设计得简洁、豪华，满足了人数较多的使用需求，表面的装修大气、华丽。因为考虑了人员的流动性和聚散关系，所以软装的重点应放在餐桌的摆放形式、餐桌椅的装饰及台面餐具的摆放形式上。

中餐厅的软装——可通过塑像、书法、绘画、器物等借景的摆放，经过提炼产生出庄严、典雅、敦厚方正的艺术效果，呈现出高雅脱俗的新境界。

西餐厅的软装——西餐厅的软装艺术设计常模仿西方传统的就餐环境进行设计，如厚重的窗帘，华丽的吊灯、台灯，漂亮的餐具及具有西方情韵的绘画、雕塑等作为西餐厅的主要软装内容，甚至配备钢琴、体量较大的插花等，呈现出安静、舒适、幽雅、宁静的环境气氛，体现西方的餐饮礼仪与文化品位。

主题餐厅的软装——符合某一主题的餐厅，在软装方面需要重点突出环境的与众不同。软装艺术的手段也多以粗线条、快节奏、明快的色彩，简洁的色块装饰为最佳。

风味餐厅的软装——风味餐厅的软装艺术设计应根据菜品的地方特点、就餐形式进行合理设置。风味餐厅的软装重点在于深入了解当地的风土人情，利用当地的绘画、图案、雕塑、器皿、趣味灯饰等进行大胆的夸张安排，使就餐者在品尝地方美食的同时感受到地方文化的熏陶，体验文化之旅，以满足就餐者的心理需求。

刘辉作品

杨洋作品

祝赐平作品

5.1.3 客房空间

　　客房软装设计应选择具有酒店特色的物品，更适合大众的口味，即以安静、祥和的装饰品为主，打造令人记忆深刻的睡眠空间。大多采用休闲舒适的家具、配装品，或者具有当地文化特色的物品。

　　酒店需要软装产品来烘托它的氛围。在酒店空间中，通过床尾巾、抱枕进行的相互呼应来表述它的地域风格，既方便酒店管理又便于酒店独特氛围的营造。

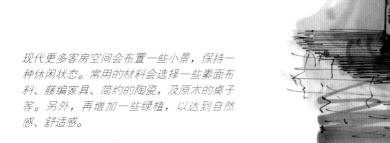

现代更多客房空间会布置一些小景，保持一种休闲状态。常用的材料会选择一些素面布料、藤编家具、简约的陶瓷，及原木的桌子等。另外，再增加一些绿植，以达到自然感、舒适感。

5.2　公共空间软装表现图

公共空间软装搭配表现时，也需要先找出用色，考虑其家具风格的选择，然后再考虑一些小的装饰品。

快速表现一张走廊的风景图，先确定一个消失点，再画出透视空间线稿，最后加上纹理、家具、装饰品。上色时以大块色块来定位整体的颜色，其他部分配以相应的同景色，最后加一点对比色突出调和画面。

图书在版编目（CIP）数据

室内软装手绘表现 / 谢宗涛编著. —沈阳：辽宁科学技术出版社，2016.3（2020.8重印）
　　ISBN 978-7-5381-9546-0

　　Ⅰ.①室…　Ⅱ.①谢…　Ⅲ.①室内装饰设计—建筑构图—绘画技法　Ⅳ.①TU204

　　中国版本图书馆CIP数据核字（2016）第001504号

出版发行：辽宁科学技术出版社
　　　　　（地址：沈阳市和平区十一纬路29号　邮编：110003）
印　刷　者：辽宁鼎籍数码科技有限公司
经　销　者：各地新华书店
幅面尺寸：215mm×260mm
印　　张：10
字　　数：200千字
出版时间：2016 年 3 月第 1 版
印刷时间：2020 年 8 月第 3 次印刷
责任编辑：闻　通
封面设计：刘星曜
版式设计：理想视觉工作室
责任校对：李淑敏

书　　号：ISBN 978-7-5381-9546-0
定　　价：65.00元

联系编辑：024-23284740　　　邮购热线：024-23284502
投稿信箱：605807453@qq.com　　http://www.lnkj.com.cn